U0262472

西北地区抗逆农作物种质资源多样性图集

王述民　陈彦清　景蕊莲　主编

科学出版社

北京

内 容 简 介

本书基于历时五年对我国山西、陕西、内蒙古、宁夏、甘肃、青海、新疆7省(自治区)的抗逆农作物种质资源进行普查和调查所获得的资料撰写而成。书中展示了在上述地区收集的具有抗旱、抗寒、耐盐碱、耐瘠薄等抗逆特性的农作物种质资源698份,每份均介绍了物种名称、收集时间、收集地点及主要特征特性,并附有原生境、植株、花、果实和种子的照片。全书分为7章,分别介绍7省(自治区)的调查结果,是《西北地区抗逆农作物种质资源调查》的姊妹篇。

本书可供农作物种质资源和育种领域的科技工作者,农学、植物学、生态学等专业的大专院校师生,以及政府相关主管部门的工作人员阅读参考。

图书在版编目(CIP)数据

西北地区抗逆农作物种质资源多样性图集 / 王述民,陈彦清,景蕊莲主编.
—北京:科学出版社,2019.1
ISBN 978-7-03-059165-4

Ⅰ.①西… Ⅱ.①王… ②陈… ③景… Ⅲ.①抗逆品种-作物-种质资源-生物多样性-西北地区-图集 Ⅳ.① S332-64

中国版本图书馆 CIP 数据核字(2018)第 242996 号

责任编辑:王海光 赵小林 / 责任校对:郑金红
责任印制:肖 兴 / 封面设计:刘新新

科 学 出 版 社 出版
北京东黄城根北街 16 号
邮政编码:100717
http://www.sciencep.com
中国科学院印刷厂 印刷
科学出版社发行 各地新华书店经销
*
2019 年 1 月第 一 版 开本:787×1092 1/16
2019 年 1 月第一次印刷 印张:23 1/2
字数:557 000
定价:368.00 元
(如有印装质量问题,我社负责调换)

《西北地区抗逆农作物种质资源多样性图集》

编委会名单

主　编　王述民　陈彦清　景蕊莲

第一章　乔治军　穆志新　秦慧彬　李登科　郝晓鹏　李　萌

第二章　吉万全　王亚娟　陈春环　张正茂　胡银岗　杨　勇
　　　　梁　燕

第三章　牛素清　郭富国　贾利敏　贾　明　罗中旺　杨文耀
　　　　范洪伟　刘锦川　郭晓春

第四章　袁汉民　何进尚　张维军　亢　玲

第五章　祁旭升　张彦军　苟作旺　王兴荣

第六章　马晓岗　蒋礼玲　侯志强　顾文毅　苗增建　闫殿海

第七章　刘志勇　刘　宁　邱　娟　谭敦元　肖　菁　王永刚
　　　　马艳明　王　莉　王　威　颜国荣

随着人口增长、城镇化进程加快和全球气候变化，确保粮食安全已经成为国家的重大需求。农作物种质资源对粮食安全、农业可持续性和乡村振兴都具有十分重要的现实意义。培育抗逆高效新品种是抵御逆境的有效途径之一，抗逆种质资源的发掘与利用是关键。我国西北地域辽阔，自然条件严酷，经过长期的自然选择和人工选择，孕育了丰富的抗逆农作物种质资源。

在国家"科技基础性工作专项"的支持下，项目组历时五年，首次对近 30 年我国山西、陕西、内蒙古、宁夏、甘肃、青海、新疆 7 省（自治区）80 县（市、区、旗）抗逆农作物种类、品种、面积、分布、利用途径，以及抗逆农作物野生近缘植物的分布特点进行了全面普查，对其中 49 个重点县（市、区、旗）进行了系统调查，包括抗逆农作物种质资源的种类、地理分布、濒危状况、伴生植物、生物学特性，以及各类资源所在地的气候生态条件等。抢救性收集各类农作物种质资源样本 5302 份，鉴定筛选出优异抗逆农作物种质资源 603 份，建立了西部地区抗逆农作物种质资源数据库，进一步促进了我国农作物种质资源的保护与利用工作。

通过综合分析西北地区抗逆农作物种质资源普查和调查数据，基本明确了该地区农作物种质资源的变化历史和现状。在过去 30 年间，我国西北干旱地区的生态环境和种植业结构都发生了巨大变化，作物种质资源遗传多样性下降，一些重要抗逆农作物种质资源处于严重濒危状态，应采取有效措施，不断提高公众意识，探索种质资源保护与利用协同发展的新模式，提升鉴定评价和共享能力，开发利用特色优异种质资源，为乡村振兴战略的实施做出更大贡献。

刘旭

中国工程院院士

2018 年 2 月

干旱缺水、土壤盐渍化和肥力不足等非生物逆境是全球农业生产面临的严重问题，开发利用抗逆农作物种质资源，培育新品种是抵御逆境的有效途径之一，也是保障粮食安全和生态安全的紧迫任务。我国西北干旱区地域辽阔、水资源匮乏、自然条件恶劣，严酷的自然条件孕育了极其丰富的优异抗逆农作物种质资源。2011 年 6 月，在国家"科技基础性工作专项"的支持下，项目组历时 5 年，对我国山西、陕西、内蒙古、宁夏、甘肃、青海、新疆 7 省（自治区）80 县（市、区、旗）抗逆农作物种质资源进行了全面普查，对其中 49 县（市、区、旗）进行了重点调查，抢救性收集优异种质资源，建立了西北地区抗逆农作物种质资源数据库。在综合分析普查和调查结果的基础上，提出了西北地区抗逆农作物种质资源保护与利用的建议，编写了《西北地区抗逆农作物种质资源调查》。

通过普查和调查，基本摸清了最近 30 年普查区气候和植被的变化情况，掌握了主要农作物种植面积、产量和品种变化情况，初步明确了农业总产值及占比变化情况。收集到农作物种质资源样本 5302 份，筛选出一批抗旱、抗寒、耐盐碱、耐瘠薄等抗逆农作物种质资源，在此基础上编写了《西北地区抗逆农作物种质资源调查》的姊妹篇《西北地区抗逆农作物种质资源多样性图集》，展示了 698 份优异种质资源。

本书凝结了项目组全体成员的工作成果和智慧结晶。中国农业科学院作物科学研究所王述民研究员作为该项目的负责人，研究部署了项目调查、数据分析及书稿撰写的提纲。山西省农业科学院乔治军研究员、西北农林科技大学吉万全教授、内蒙古自治区农牧业科学院牛素清研究员、宁夏农林科学院袁汉民研究员、甘肃省农业科学院祁旭升研究员、青海省农林科学院马晓岗研究员、新疆维吾尔自治区农业科学院刘志勇研究员，分别牵头完成了各章的编写。

在本书即将出版之际，我们衷心感谢国家"科技基础性工作专项"项目"西北干旱区抗逆农作物种质资源调查"（2011FY110200）的支持。感谢中国农业科学院作物科学研究所方沩副研究员为本书的编辑排版提出重要建议，感谢科学出版社工作人员对书稿的精心编校。

由于作者水平所限，书中难免有疏漏之处，敬请同行、专家和广大读者批评指正，以期改进并完善我们的工作。

作　者

2018 年 1 月

目　录

第 1 章　山西省抗逆农作物种质资源多样性

第 2 章　陕西省抗逆农作物种质资源多样性

第 3 章　内蒙古自治区抗逆农作物种质资源多样性

第4章　宁夏回族自治区抗逆农作物种质资源多样性

第 5 章　甘肃省抗逆农作物种质资源多样性

第6章 青海省抗逆农作物种质资源多样性

第7章 新疆维吾尔自治区抗逆农作物种质资源多样性

山西省抗逆农作物种质资源多样性

1.1 红谷

调查编号：2011142060　　　　物种名称：谷子

收集时间：2011 年　　　　　　收集地点：山西省吕梁市兴县东会乡

主要特征特性：穗形纺锤形，单株粒重 13.6g，单株穗重 20.8g，千粒重 3.6g，籽粒壳红色，米为黄色，全生育期 113d，芽期二级耐盐。

图 1-1　红谷（2011142060）

1.2 草谷子

调查编号：2012141057　　　　物种名称：谷子

收集时间：2012 年　　　　收集地点：山西省忻州市五台县台城镇

主要特征特性：饲用，全生育期 137d，穗形纺锤形，千粒重 3.4g，籽粒壳黄色，米为黄色，芽期一级耐盐，全生育期一级耐盐，三级抗旱。

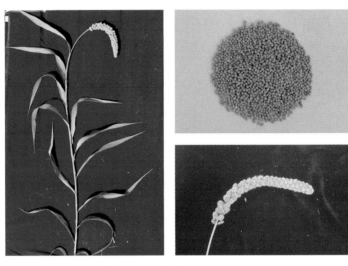

图 1-2　草谷子（2012141057）

1.3 红谷子

调查编号：2012141118　　　　物种名称：谷子

收集时间：2012 年　　　　收集地点：山西省忻州市五寨县杏岭子乡

主要特征特性：采集地点海拔较高，为 1371.5m，有较强的耐寒性，全生育期 135d，单株粒重 28.8g，单株穗重 56.9g，籽粒壳红色，米为黄色，芽期一级耐盐，全生育期二级抗旱。

图 1-3　红谷子（2012141118）

1.4 白谷

调查编号：2013141021　　　　物种名称：谷子
收集时间：2013 年　　　　　　收集地点：山西省忻州市繁峙县砂河镇
主要特征特性：散生，生长于寒温带，全生育期 132d，穗形圆筒形，刺毛很长，千粒重 3.9g，籽粒壳白色，米为黄色，芽期二级耐盐，全生育期二级抗旱。

图 1-4　白谷（2013141021）

1.5 白谷

调查编号：2013141134　　　　物种名称：谷子
收集时间：2013 年　　　　　　收集地点：山西省长治市武乡县分水岭乡
主要特征特性：穗形呈鸡嘴形，粒色白色，米色也为白色，全生育期 136d，晚熟，单株穗重 71.6g。

图 1-5　白谷（2013141134）

1.6 黑谷

调查编号：2013141130　　　　　物种名称：谷子

收集时间：2013 年　　　　　　　收集地点：山西省长治市武乡县分水岭乡

主要特征特性：粒色黑色，全生育期 134d，千粒重 4.4g，且耐贫瘠。

图 1-6　黑谷（2013141130）

1.7 黄谷子

调查编号：2012141129　　　　　物种名称：谷子

收集时间：2012 年　　　　　　　收集地点：山西省忻州市五寨县杏岭子乡

主要特征特性：优质，主茎长约 100.0cm，主茎穗长约 27.7cm，全生育期 135d，千粒重 3.9g。

图 1-7　黄谷子（2012141129）

1.8 龙爪谷

调查编号：2011142036　　　　物种名称：谷子

收集时间：2011 年　　　　　　收集地点：山西省大同市灵丘县白崖台乡

主要特征特性：穗形呈猫爪形，主穗长度 45.5cm，全生育期 119d，千粒重 4.2g；种子淀粉含量高达 87.16%，为优质资源。

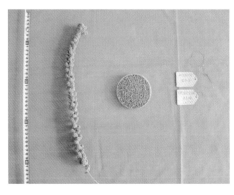

图 1-8　龙爪谷（2011142036）

1.9 软谷子

调查编号：2012141025　　　　物种名称：谷子

收集时间：2012 年　　　　　　收集地点：山西省忻州市五台县门限石乡

主要特征特性：穗形呈鸭嘴形，穗子比较松散，籽粒颜色为红色，全生育期 134d，单株穗重 60.3g，千粒重 3.2g。

图 1-9　软谷子（2012141025）

1.10 红糜

调查编号：2011141013　　　　物种名称：黍
收集时间：2011 年　　　　　　收集地点：山西省大同市灵丘县石家田乡
主要特征特性：粒色红色，米色淡黄色，全生育期 84d，千粒重 8.0g，特早熟，糯性，口感较软，适合做粥或黏糕，芽期二级耐盐。

图 1-10　红糜（2011141013）

1.11 大白黍

调查编号：2011141027　　　　物种名称：黍
收集时间：2011 年　　　　　　收集地点：山西省大同市灵丘县白崖台乡
主要特征特性：粒色白灰色，米色淡黄色，全生育期 95d，千粒重 6.2g，早熟，糯性，口感软，适合做粥或黏糕，芽期二级抗旱。

图 1-11　大白黍（2011141027）

1.12 大青黍

調查編号：2011141050　　　　物种名称：黍

收集时间：2011 年　　　　　　收集地点：山西省大同市灵丘县史庄乡

主要特征特性：粒色黄灰色，米色淡黄色，全生育期89d，单株穗重 12.3g，千粒重 6.5g，特早熟，糯性，适合做粥或黏糕，芽期一级抗旱。

图 1-12　大青黍（2011141050）

1.13 红黍子

調查編号：2011141078　　　　物种名称：黍

收集时间：2011 年　　　　　　收集地点：山西省吕梁市兴县孟家坪乡

主要特征特性：粒色红色，米色淡黄色，全生育期94d，单株粒重 7.8g，千粒重 6.3g，早熟，糯性，适合做粥或黏糕，芽期一级抗旱。

图 1-13　红黍子（2011141078）

1.14 黄黍子

调查编号：2011141105　　　　物种名称：黍

收集时间：2011 年　　　　　　收集地点：山西省吕梁市兴县孟家坪乡

主要特征特性：粒色黄色，米色淡黄色，全生育期 94d，单株粒重 8.0g，单株草重 22.4g，千粒重 8.0g，早熟，糯性，芽期一级抗旱。

图 1-14　黄黍子（2011141105）

1.15 炸炸头（绿秆）

调查编号：2011142049　　　　物种名称：黍

收集时间：2011 年　　　　　　收集地点：山西省大同市灵丘县史庄乡

主要特征特性：穗形侧散，全生育期 89d，特早熟，粒色黄，米色淡黄色，口感软，适合做黏糕，芽期二级抗旱。

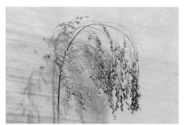

图 1-15　炸炸头（绿秆）（2011142049）

1.16 黑糜子

调查编号：2011142058　　　　物种名称：黍
收集时间：2011 年　　　　　　收集地点：山西省吕梁市兴县东会乡
主要特征特性：全生育期 94d，单株穗重 7.7g，千粒重 8.0g，粒色褐色，出壳率高，米色黄色，适合做米饭或煎饼，口感绵，芽期二级抗旱。

图 1-16　黑糜子（2011142058）

1.17 白流沙

调查编号：2012141049　　　　物种名称：黍
收集时间：2012 年　　　　　　收集地点：山西省忻州市五台县台城镇
主要特征特性：幼苗深绿色，粒色白色，米色黄色，全生育期 80d，特早熟，千粒重 7.0g，糯性，耐盐碱，芽期二级抗旱。

图 1-17　白流沙（2012141049）

1.18 齐黄软糜

调查编号：2012141067　　　　物种名称：黍

收集时间：2012 年　　　　　　收集地点：山西省忻州市五台县台城镇

主要特征特性：幼苗深绿色，侧穗密，粒色黄色，米色黄色，糯性，全生育期 79d，特早熟，单株穗重 14.4g，千粒重 6.4g，耐贫瘠，全生育期一级抗旱。

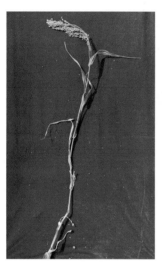
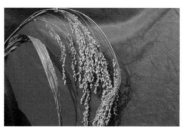
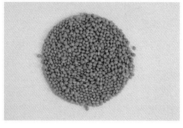

图 1-18　齐黄软糜（2012141067）

1.19 紫秆硬糜子

调查编号：2012141075　　　　物种名称：黍

收集时间：2012 年　　　　　　收集地点：山西省忻州市五台县台城镇

主要特征特性：粒色白色，米色白色，全生育期 83d，特早熟、单株穗重 13.4g，千粒重 7.4g，糯性，适合做粥或黏糕，芽期一级耐盐。

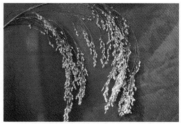
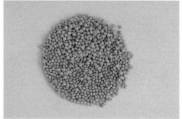

图 1-19　紫秆硬糜子（2012141075）

1.20 紫秆硬糜子

调查编号：2012141087　　　　物种名称：黍
收集时间：2012 年　　　　　　收集地点：山西省忻州市五台县阳白乡
主要特征特性：主茎粗 0.79cm，粒色白色，米色白色，全生育期 87d，特早熟，单株穗重 17.6g，千粒重 7.1g，糯性，适合做粥或黏糕，芽期一级抗旱，二级耐盐，全生育期三级抗旱。

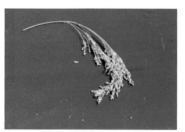

图 1-20　紫秆硬糜子（2012141087）

1.21 紫秆软糜子

调查编号：2012141076　　　　物种名称：黍
收集时间：2012 年　　　　　　收集地点：山西省忻州市五台县台城镇
主要特征特性：粒色黄色，米色黄色，全生育期 85d，特早熟，单株穗重 15.6g，千粒重 6.6g，糯性，适合做粥或黏糕，耐瘠薄，芽期二级抗旱。

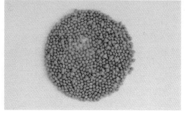

图 1-21　紫秆软糜子（2012141076）

1.22 大红糜子

调查编号：2012141088　　　　物种名称：黍

收集时间：2012 年　　　　收集地点：山西省忻州市五台县阳白乡

主要特征特性：穗形侧散，粒色红色，米色淡黄色，全生育期 82d，特早熟，单株穗重 12.8g，千粒重 6.8g，糯性，口感软，耐瘠薄，芽期一级抗旱。

图 1-22　大红糜子（2012141088）

1.23 硬糜子

调查编号：2012141096　　　　物种名称：黍

收集时间：2012 年　　　　收集地点：山西省忻州市五台县阳白乡

主要特征特性：幼苗深绿色，粒色白色，米色黄色，全生育期 84d，特早熟，单株穗重 12.0g，千粒重 6.6g，糯性，适合做粥或黏糕，芽期一级耐盐，二级抗旱，全生育期二级耐盐。

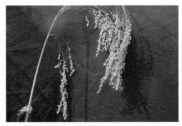

图 1-23　硬糜子（2012141096）

1.24 软糜子

调查编号：2012141202　　　　物种名称：黍

收集时间：2012 年　　　　收集地点：山西省吕梁市石楼县龙交乡

主要特征特性：主茎高 151cm，千粒重 13.0g，粒色白色，米色黄色，全生育期 85d，特早熟，糯性，适合做粥或黏糕，芽期二级抗旱。

图 1-24　软糜子（2012141202）

1.25 黑老婆

调查编号：2012141207　　　　物种名称：黍

收集时间：2012 年　　　　收集地点：山西省吕梁市石楼县龙交乡

主要特征特性：主茎高 169cm，主茎粗 0.82cm，主茎节数 8.5，粒色褐色，米色淡黄色，全生育期 84d，特早熟，糯性，芽期一级耐盐。

图 1-25　黑老婆（2012141207）

1.26 灰条糜子

调查编号：2012141265　　　　物种名称：黍

收集时间：2012 年　　　　　　收集地点：山西省吕梁市石楼县小蒜镇

主要特征特性：主茎高 167cm，叶片数 9.5，粒色呈灰白复色，米色黄色，全生育期 79d，特早熟，千粒重 7.6g，糯性，芽期二级抗旱。

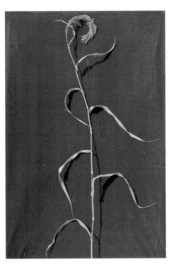

图 1-26　灰条糜子（2012141265）

1.27 乌嘴糜子

调查编号：2012141282　　　　物种名称：黍

收集时间：2012 年　　　　　　收集地点：山西省吕梁市石楼县和合乡

主要特征特性：主茎高 167cm，单株草重 19.8g，千粒重 7.4g，粒色白色，米色黄色，全生育期 83d，特早熟，糯性，适合做粥或黏糕，芽期一级抗旱。

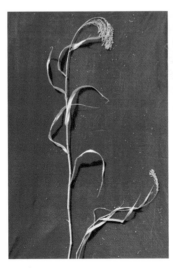

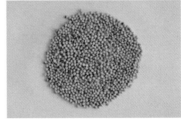

图 1-27　乌嘴糜子（2012141282）

1.28 气死风

调查编号：2013141020　　　　物种名称：黍
收集时间：2013 年　　　　　　收集地点：山西省忻州市繁峙县砂河镇
主要特征特性：主茎高 127.3cm，全生育期 101d，千粒重 7.7g，粒色灰色，米色淡黄色，芽期二级耐盐，全生育期三级耐盐。

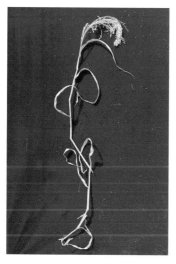
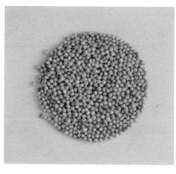

图 1-28　气死风（2013141020）

1.29 鸡蛋白

调查编号：2013141053　　　　物种名称：黍
收集时间：2013 年　　　　　　收集地点：山西省忻州市繁峙县大营镇
主要特征特性：主茎高 223.4cm，主茎节数 10.3，全生育期 97d，千粒重 7.3g，粒色白色，米色黄色，芽期一级耐盐，全生育期三级耐盐。

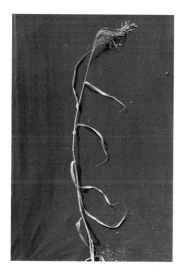

图 1-29　鸡蛋白（2013141053）

1.30 本地玉米

调查编号：2011142018　　　　物种名称：玉米

收集时间：2011 年　　　　　　收集地点：山西省大同市灵丘县石家田乡

主要特征特性：全生育期 122d，株高 210cm，穗形为锥形，千粒重 368.2g，全生育期二级抗旱，品质检测籽粒粗蛋白含量为 13.55%。

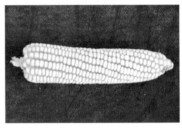

图 1-30　本地玉米（2011142018）

1.31 白马牙

调查编号：2012141081　　　　物种名称：玉米

收集时间：2012 年　　　　　　收集地点：山西省忻州市五台县台城镇

主要特征特性：全生育期 115d，株高 250cm，硬粒型，粒色白色，千粒重 352.7g，全生育期一级抗旱。

图 1-31　白马牙（2012141081）

1.32 白马牙

调查编号：2012141327　　　　物种名称：玉米

收集时间：2012 年　　　　　　收集地点：山西省临汾市隰县陡坡乡

主要特征特性：全生育期 123d，株高 200cm，粒形为马齿形，粒色白色，千粒重436.4g，全生育期二级抗旱。

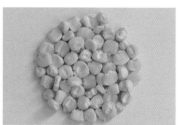

图 1-32　白马牙（2012141327）

1.33 小白玉米

调查编号：2012141082　　　　物种名称：玉米

收集时间：2012 年　　　　　　收集地点：山西省忻州市五台县台城镇

主要特征特性：全生育期 117d，株高 240cm，硬粒，粒色白色，千粒重 371.5g，全生育期二级抗旱。

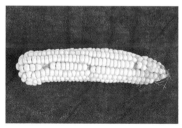

图 1-33　小白玉米（2012141082）

1.34 白玉米

调查编号：2012141333　　　　物种名称：玉米

收集时间：2012 年　　　　　　收集地点：山西省临汾市隰县下李乡

主要特征特性：生长于山地，全生育期 115d，株高 259.8cm，粒形为马齿形，粒色白色，千粒重 393.5g，全生育期二级抗旱。

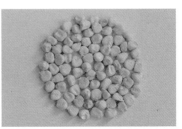
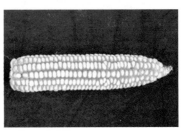

图 1-34　白玉米（2012141333）

1.35 散穗高粱（长秆）

调查编号：2011142027　　　　物种名称：高粱

收集时间：2011 年　　　　　　收集地点：山西省大同市灵丘县白崖台乡

主要特征特性：全生育期 117d，株高 224cm，主穗长 43cm，穗形周散，颖壳褐色，粒色红色，粒形卵形，千粒重 27.5g。

图 1-35　散穗高粱（长秆）（2011142027）

1.36 高粱

调查编号：2012141279　　　　物种名称：高粱

收集时间：2012 年　　　　　　收集地点：山西省吕梁市石楼县和合乡

主要特征特性：株高 195cm，茎粗 1.3cm，主穗长 10.8cm，穗形紧凑，颖壳褐色，粒色橙色，粒形卵圆，千粒重 31.4g。

图 1-36　高粱（2012141279）

1.37 莜麦

调查编号：2012141002　　　　物种名称：燕麦

收集时间：2012 年　　　　　　收集地点：山西省忻州市五台县门限石乡

主要特征特性：耐贫瘠，不但可食用，还可饲用。全生育期 108d，株高 113cm，主穗小穗数 27.6 个，穗轮层数 6.6 层，小穗粒数 2.8 粒，籽粒饱满，千粒重达 25.3g。

图 1-37　莜麦（2012141002）

1.38 莜麦

调查编号：2012141138 物种名称：燕麦
收集时间：2012 年 收集地点：山西省忻州市五寨县杏子岭乡
主要特征特性：全生育期 107d，株高 104.5cm，主穗小穗数 26.4 个，穗轮层数 7.2 层，蛋白质含量达 21.48%，为优质资源。

图 1-38 莜麦（2012141138）

1.39 大莜麦

调查编号：2012141169 物种名称：燕麦
收集时间：2012 年 收集地点：山西省忻州市五寨县小河头镇
主要特征特性：全生育期 102d，株高 111cm，主穗小穗数 23.2 个，小穗粒数 4.4 粒，穗轮层数 5.8 层，千粒重 20.1g，淀粉含量 58.76%，脂肪含量 7.53%，为优质资源。

图 1-39 大莜麦（2012141169）

1.40 春小麦

调查编号：2011141067　　　　物种名称：小麦

收集时间：2011 年　　　　　收集地点：山西省吕梁市兴县东会乡

主要特征特性：晚熟品种，株高 61cm，分蘖 1.6 个，穗长 8.4cm，穗粒数 63.8 粒，穗粒重 3.2g，千粒重 31.3g，抗倒伏性强。

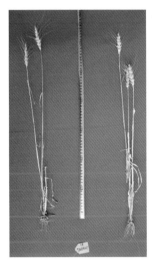

图 1-40　春小麦（2011141067）

1.41 黄老王

调查编号：2012141167　　　　物种名称：小麦

收集时间：2012 年　　　　　收集地点：山西省忻州市五寨县小河头镇

主要特征特性：中熟，株高 59cm，分蘖 0.6 个，穗长 6.3cm，穗粒数 22.0 粒，千粒重 32.4g，抗倒伏性强。

图 1-41　黄老王（2012141167）

1.42 绿大豆

调查编号：2011141100　　　　物种名称：大豆

收集时间：2011 年　　　　收集地点：山西省吕梁市兴县孟家坪乡

主要特征特性：全生育期 116d，无限结荚，株高 198cm，百粒重 28.5g，全生育期一级抗旱，蛋白质含量达 47.26%。

图 1-42　绿大豆（2011141100）

1.43 褐豆

调查编号：2013141072　　　　物种名称：大豆

收集时间：2013 年　　　　收集地点：山西省长治市武乡县洪水镇

主要特征特性：全生育期 117d，有限结荚，株高 110cm，百粒重 22.4g，全生育期一级抗旱，二级耐盐。

图 1-43　褐豆（2013141072）

1.44 花豆

调查编号：2012141204　　　　物种名称：大豆

收集时间：2012 年　　　　　　收集地点：山西省吕梁市石楼县龙交乡

主要特征特性：全生育期 125d，籽粒呈椭圆形，荚色褐色，直立生长，无限结荚，株高 104cm，百粒重 19.4g，全生育期一级耐盐。

图 1-44　花豆（2012141204）

1.45 圆黑豆

调查编号：2012141322　　　　物种名称：大豆

收集时间：2012 年　　　　　　收集地点：山西省临汾市隰县陡坡乡

主要特征特性：全生育期 125d，粒色黑色，籽粒呈椭圆形，荚色黑色，直立生长，无限结荚，株高 116cm，百粒重 17.4g，全生育期一级抗旱。

图 1-45　圆黑豆（2012141322）

1.46 黑豆

调查编号：2012141346　　　　　物种名称：大豆

收集时间：2012 年　　　　　　　收集地点：山西省临汾市隰县下李乡

主要特征特性：全生育期 124d，粒色黑色，籽粒扁椭圆形，荚色黄褐色，半直立生长，无限结荚，株高 75cm，全生育期一级抗旱。

图 1-46　黑豆（2012141346）

1.47 小黑豆

调查编号：2013141017　　　　　物种名称：大豆

收集时间：2013 年　　　　　　　收集地点：山西省忻州市繁峙县砂河镇

主要特征特性：全生育期 133d，粒色黑色，籽粒扁椭圆形，荚色黑色，半蔓生，有限结荚，株高 171cm，百粒重 13.2g，全生育期一级抗旱。

图 1-47　小黑豆（2013141017）

1.48 小黑豆

调查编号：2013141113　　　　　物种名称：大豆

收集时间：2013 年　　　　　　　收集地点：山西省长治市武乡县贾豁乡

主要特征特性：全生育期 138d，粒色黑色，籽粒扁椭圆形，荚色灰褐色，直立生长，无限结荚，株高 150cm，百粒重 14.5g，全生育期一级抗旱。

图 1-48　小黑豆（2013141113）

1.49 小黑豆

调查编号：2013141138　　　　　物种名称：大豆

收集时间：2013 年　　　　　　　收集地点：山西省长治市武乡县分水岭乡

主要特征特性：全生育期 137d，粒色黑色，籽粒扁椭圆形，荚色黄褐色，半蔓生，有限结荚，株高 120cm，全生育期一级抗旱。

图 1-49　小黑豆（2013141138）

1.50 小黄豆

调查编号：2013141058　　　　物种名称：大豆

收集时间：2013 年　　　　　　收集地点：山西省忻州市繁峙县繁城镇

主要特征特性：全生育期 116d，粒色黄色，籽粒椭圆形，荚色黄褐色，直立生长，无限结荚，株高 130cm，百粒重 16.3g，全生育期一级抗旱。

图 1-50　小黄豆（2013141058）

1.51 大黑豆

调查编号：2013141090　　　　物种名称：大豆

收集时间：2013 年　　　　　　收集地点：山西省长治市武乡县洪水镇

主要特征特性：全生育期 131d，粒色黑色，籽粒圆形，荚色灰褐色，直立生长，无限结荚，株高 77cm，百粒重 29.7g，全生育期一级抗旱。

图 1-51　大黑豆（2013141090）

1.52 大黑豆

调查编号：2013141140　　　　物种名称：大豆

收集时间：2013 年　　　　收集地点：山西省长治市武乡县分水岭乡

主要特征特性：全生育期 132d，粒色黑色，籽粒扁圆形，荚色黄褐色，直立生长，有限结荚，株高 88cm，百粒重 22.6g，全生育期二级抗旱及二级耐盐。

图 1-52　大黑豆（2013141140）

1.53 大蚕丝黄豆

调查编号：2013141099　　　　物种名称：大豆

收集时间：2013 年　　　　收集地点：山西省长治市武乡县洪水镇

主要特征特性：全生育期 140d，籽粒圆形，荚色灰褐色，半蔓生，有限结荚，株高 101cm，百粒重 23.4g，全生育期二级抗旱及二级耐盐。

图 1-53　大蚕丝黄豆（2013141099）

1.54 黑脸豆

调查编号：2013141041　　　　物种名称：大豆

收集时间：2013 年　　　　收集地点：山西省忻州市繁峙县繁城镇

主要特征特性：散生，全生育期 132d，粒色双色，籽粒扁圆形，荚色黄褐色，直立生长，有限结荚，株高 74cm，百粒重 25.6g，芽期二级抗旱，全生育期二级耐盐。

图 1-54　黑脸豆（2013141041）

1.55 紫豆角

调查编号：2011141031　　　　物种名称：普通菜豆

收集时间：2011 年　　　　收集地点：山西省大同市灵丘县白崖台乡

主要特征特性：全生育期 148d，晚熟，百粒重 34.3g，粒色黑色，蛋白质含量 29.39%，淀粉含量 43.05%，为优质资源。

图 1-55　紫豆角（2011141031）

1.56 小红豆

调查编号：2011141051　　　　物种名称：普通菜豆

收集时间：2011 年　　　　　　收集地点：山西省吕梁市兴县东会乡

主要特征特性: 糯性强，中熟，全生育期114d，蔓生，无限结荚，粒形方形，粒色粉红色，百粒重 30g，可食用，根也有利用价值。

图 1-56　小红豆（ 2011141051 ）

1.57 花红豆

调查编号：2011141053　　　　物种名称：普通菜豆

收集时间：2011 年　　　　　　收集地点：山西省吕梁市兴县东会乡

主要特征特性: 全生育期 76d，直立，有限结荚，粒形肾形，粒色紫色，种皮网纹状，百粒重 35.6g，株高 40cm。

图 1-57　花红豆（ 2011141053 ）

1.58 白菜豆

调查编号：2011141060 　　　　物种名称：普通菜豆

收集时间：2011 年 　　　　　　收集地点：山西省吕梁市兴县东会乡

主要特征特性：全生育期 102d，中熟，百粒重 28.2g，淀粉含量 49.09%，为优质资源。

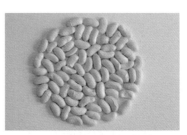

图 1-58　白菜豆（2011141060）

1.59 火棒槌

调查编号：2011142007 　　　　物种名称：普通菜豆

收集时间：2011 年 　　　　　　收集地点：山西省大同市灵丘县石家田乡

主要特征特性：种植于寒温带，早熟，全生育期 75d，有限结荚，百粒重 36.8g，矮生，直立，粒形肾形，种皮网纹状，粒色褐色，株高 31cm。

图 1-59　火棒槌（2011142007）

1.60 红芸豆

调查编号：2011142015　　　　物种名称：普通菜豆

收集时间：2011 年　　　　　　收集地点：山西省大同市灵丘县石家田乡

主要特征特性：中熟，全生育期 111d，株高 36cm，百粒重 46.0g，直立，有限结荚，长粒，粒色红色。

图 1-60　红芸豆（2011142015）

1.61 红芸豆

调查编号：2011142045　　　　物种名称：普通菜豆

收集时间：2011 年　　　　　　收集地点：山西省大同市灵丘县史庄乡

主要特征特性：中熟，全生育期 111d，株高 37cm，百粒重 48.4g，直立，有限结荚，粒形肾形，粒色紫色，种皮网纹状。

图 1-61　红芸豆（2011142045）

1.62 五月豆

调查编号：2012141227　　　　物种名称：普通菜豆

收集时间：2012 年　　　　　　收集地点：山西省吕梁市石楼县龙交乡

主要特征特性：优质，温带，中熟，全生育期 102d，株高 30cm，百粒重 35.6g，直立，无限结荚，粒形长柱形，粒色浅褐色，种皮网纹状。

图 1-62　五月豆（2012141227）

1.63 红莲豆

调查编号：2012141077　　　　物种名称：普通菜豆

收集时间：2012 年　　　　　　收集地点：山西省忻州市五台县台城镇

主要特征特性：6 月下旬播种，全生育期 101d，半蔓生，荚形为长扁条，无限结荚，粒形肾形，粒色红色，百粒重 48.3g。经后期全生育期抗旱试验测定为二级抗旱资源。

图 1-63　红莲豆（2012141077）

1.64 灰豇豆

调查编号：2012141093　　　　物种名称：豇豆

收集时间：2012 年　　　　　　收集地点：山西省忻州市五台县阳白乡

主要特征特性：耐贫瘠，全生育期116d，半蔓生，嫩荚色白色，荚形圆筒形，粒形矩圆，粒色为双色，百粒重 13.6g，籽粒蛋白质含量 25.56%，为优质资源。

图 1-64　灰豇豆（ 2012141093 ）

1.65 黑豇豆

调查编号：2012141162　　　　物种名称：豇豆

收集时间：2012 年　　　　　　收集地点：山西省忻州市五寨县小河头镇

主要特征特性：优质，耐贫瘠，全生育期115d，半蔓生，软荚，嫩荚色浅绿色，荚形长圆形，粒形肾形，粒色黑色，百粒重 16.6g。

图 1-65　黑豇豆（ 2012141162 ）

1.66 豇豆

调查编号：2012141226　　　　物种名称：豇豆

收集时间：2012 年　　　　　　收集地点：山西省吕梁市石楼县龙交乡

主要特征特性：直立，幼茎绿色，花紫色，叶绿色，叶片卵形，株高 149cm，主茎节数 22.0，单株荚数 14.2，百粒重 17.0g，优质，抗旱，耐瘠薄。

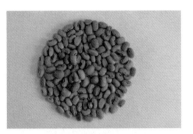

图 1-66　豇豆（2012141226）

1.67 白豇豆

调查编号：2013141007　　　　物种名称：豇豆

收集时间：2013 年　　　　　　收集地点：山西省忻州市繁峙县砂河镇

主要特征特性：全生育期 132d，幼茎绿色，蔓生，花白色，叶片卵菱形，株高 171cm，主茎节数 23.5，叶绿色，粒色白色，粒形椭圆形，百粒重 20.2g，抗旱耐瘠薄。

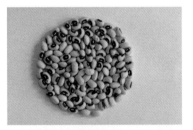

图 1-67　白豇豆（2013141007）

1.68 灰荚荚

调查编号：2012141052　　　　物种名称：小豆

收集时间：2012 年　　　　　　收集地点：山西省忻州市五台县台城镇

主要特征特性：晚熟品种，全生育期 133d，株高 108cm，花黄色，荚褐色，籽粒短圆，种皮灰暗，籽粒大，百粒重 16.8g。

图 1-68　灰荚荚（2012141052）

1.69 芒小豆

调查编号：2012141335　　　　物种名称：小豆

收集时间：2012 年　　　　　　收集地点：山西省临汾市隰县下李乡

主要特征特性：生长于山地，4 月下旬播种，9 月下旬收获，全生育期二级耐盐。

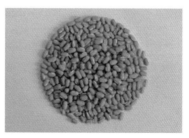

图 1-69　芒小豆（2012141335）

1.70 红小豆

调查编号：2012141364 物种名称：小豆

收集时间：2012 年 收集地点：山西省临汾市隰县阳头升乡

主要特征特性：属极晚熟品种，全生育期 147d，幼茎绿色，花黄色，株高 75cm，成熟荚黄白色，粒色红色，种皮光亮，百粒重 11.4g。

图 1-70 红小豆（2012141364）

1.71 药材豆

调查编号：2013141008 物种名称：小豆

收集时间：2013 年 收集地点：山西省忻州市繁峙县砂河镇

主要特征特性：属晚熟品种，全生育期 124d，花黄色，成熟荚黄白色，株高 51cm，粒色红色，种皮光亮，百粒重 11.8g。

图 1-71 药材豆（2013141008）

1.72 小豆

调查编号：2013141119　　　　　物种名称：小豆
收集时间：2013 年　　　　　　　收集地点：山西省长治市武乡县分水岭乡
主要特征特性：晚熟品种，全生育期 129d，花黄色，成熟荚黄白色，粒色黄色，种皮有毛，百粒重 12.5g。

图 1-72　小豆（2013141119）

1.73 绿豆

调查编号：2012141092　　　　　物种名称：绿豆
收集时间：2012 年　　　　　　　收集地点：山西省忻州市五台县阳白乡
主要特征特性：耐瘠薄，全生育期 112d，晚熟，株高 84cm，荚形弓形，百粒重 7.1g。

图 1-73　绿豆（2012141092）

1.74 绿豆

调查编号：2013141064　　　　物种名称：绿豆

收集时间：2013 年　　　　　　收集地点：山西省忻州市繁峙县大营镇

主要特征特性：散生，全生育期 125d，晚熟，株高 58cm，百粒重 7.1g。

图 1-74　绿豆（2013141064）

1.75 大豌豆

调查编号：2012141150　　　　物种名称：豌豆

收集时间：2012 年　　　　　　收集地点：山西省忻州市五寨县小河头镇

主要特征特性：优质，全生育期 117d，粒形球形，种子表面褶皱，百粒重 21.4g。

图 1-75　大豌豆（2012141150）

1.76 豌豆

调查编号：2012141201　　　　物种名称：豌豆

收集时间：2012 年　　　　　　收集地点：山西省吕梁市石楼县龙交乡

主要特征特性：优质，耐贫瘠，全生育期 98d，株高 39cm，籽粒柱形，种子表面凹坑，百粒重 11.3g。

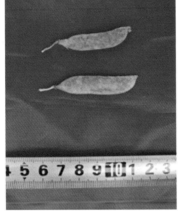

图 1-76　豌豆（2012141201）

1.77 大粒蚕豆

调查编号：2011141054　　　　物种名称：蚕豆

收集时间：2011 年　　　　　　收集地点：山西省吕梁市东会乡

主要特征特性：全生育期 116d，株高 49cm，叶绿色，鲜荚色绿色，荚长 7.1cm，荚宽 1.6cm，单荚粒数 2.2，单株粒重 12.2g，百粒重 77g。

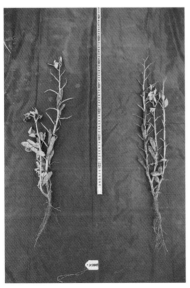

图 1-77　大粒蚕豆（2011141054）

1.78 大豆

调查编号：2012141151　　　　物种名称：蚕豆

收集时间：2012 年　　　　　　收集地点：山西省忻州市五寨县小河头镇

主要特征特性：全生育期 116d，株高 50cm，叶浅绿色，花旗瓣白带褐纹，花翼瓣深褐色，鲜荚色绿色，开花习性有限，荚长 6.0cm，荚宽 1.5cm，单荚粒数 2.6，单株粒重 10.1g，百粒重 85g。

图 1-78　大豆（2012141151）

1.79 五台槟子

调查编号：2012142018　　　　物种名称：苹果

收集时间：2012 年　　　　　　收集地点：山西省忻州市五台县阳白乡

主要特征特性：树龄 50 余年，为高大乔木。果实大，近圆形，平均重 39g，最大 53g，果面光滑，阳面果皮红色，有果点，品质佳。抗寒性、抗病性强。

图 1-79　五台槟子（2012142018）

1.80 平遥槟子

调查编号：2012142024　　　　物种名称：苹果

收集时间：2012 年　　　　　　收集地点：山西省晋中市平遥县卜宜乡

主要特征特性：树龄 50 多年生。果实大，平均重 50g。果近圆形，果皮紫红色，全红。果柄短粗。品质优良，丰产，抗性强。该品种在当地已不多，属于濒危种类，亟待保护。

图 1-80　平遥槟子（2012142024）

1.81 保德海红

调查编号：2013142109　　　　物种名称：苹果

收集时间：2013 年　　　　　　收集地点：山西省忻州市保德县杨家湾镇

主要特征特性：果实近圆形，20g 左右，果皮紫红色。丰产，抗寒、抗旱性极强，果实可鲜食，但主要用于加工，加工品品质优良，深受消费者欢迎，已成为当地的一大特色产品。

图 1-81　保德海红（2013142109）

1.82 杜梨

调查编号：2012142073　　　　物种名称：杜梨

收集时间：2012 年　　　　　收集地点：山西省长治市武乡县石盘农业开发区

主要特征特性：树体高大，嫩枝和二年生枝均被灰白色绒毛。果实近球形，褐色，具淡色斑点，丰产。在山西分布很广，是栽培梨的重要砧木。抗旱、抗寒、抗病性极强。

图 1-82　杜梨（2012142073）

1.83 保德兔梨

调查编号：2013142114　　　　物种名称：梨

收集时间：2013 年　　　　　收集地点：山西省忻州市保德县杨家湾镇

主要特征特性：海拔 1000 多米。果实卵圆形，纵径 7cm，横径 5cm，果皮黄色，有红晕。抗寒性强，是珍贵的抗寒耐旱品种。

图 1-83　保德兔梨（2013142114）

1.84 大果甘肃山楂

调查编号：2012142027　　　　物种名称：山楂

收集时间：2012 年　　　　　　收集地点：山西省长治市沁源县王陶乡

主要特征特性：果实较大，6g 左右，果实近圆形，果皮鲜红色，有白色果点，萼片宿存。小核 2 或 3 粒。丰产。果实大、抗逆性强，是优良的育种材料。

图 1-84　大果甘肃山楂（2012142027）

1.85 晋城鲜食红果

调查编号：2014142024　　　　物种名称：山楂

收集时间：2014 年　　　　　　收集地点：山西省晋城市泽州县李寨乡

主要特征特性：果实圆形，鲜红色，果皮光滑，果点不明显。果实成熟后果肉绵，甜酸适口。又因为该类型果实成熟后，经久不凋，甚美丽，所以，也是绿化的好树种。

图 1-85　晋城鲜食红果（2014142024）

1.86 大果酸枣

调查编号：2012142087　　　　物种名称：枣

收集时间：2012 年　　　　　　收集地点：山西省吕梁市临县克虎镇

主要特征特性：果个大，单果均重 8g 左右，比普通酸枣大 1 倍以上，而且果肉厚，可食率高，酸甜适口，已驯化栽培，作为鲜食品种利用。

图 1-86　大果酸枣（2012142087）

1.87 代县毛桃

调查编号：2015142024　　　　物种名称：桃

收集时间：2015 年　　　　　　收集地点：山西省忻州市代县上馆镇

主要特征特性：树姿开张。果卵形，单果重 50g 左右，皮白色，9 月下旬成熟，品质佳，丰产。抗寒性强，休眠期可耐 –28℃低温。

图 1-87　代县毛桃（2015142024）

1.88 应县天仙水蜜桃

调查编号：2015142016　　　　　物种名称：桃

收集时间：2015 年　　　　　　　收集地点：山西省朔州市应县大临河乡

主要特征特性：树姿开张，生长旺盛。果实大，肉质细，汁液多，品质优，是当地著名的地方品种。抗寒性强，品质优良。

图 1-88　应县天仙水蜜桃（2015142016）

1.89 武乡梅杏

调查编号：2014142002　　　　　物种名称：杏

收集时间：2014 年　　　　　　　收集地点：山西省长治市武乡县贾豁乡

主要特征特性：果实较大，平均果重 45g 左右，近圆形，阳面紫红色。果肉红黄色，致密，甜酸适口，品质极佳。果实成熟后，果肉在较长时间内保持较高的硬度，从而避免了杏熟即软、难以储运的麻烦，是一个优质、耐运、丰产的优良品种。

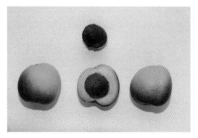

图 1-89　武乡梅杏（2014142002）

1.90 山葡萄

调查编号：2012142039　　　　物种名称：葡萄

收集时间：2012 年　　　　　　收集地点：山西省长治市沁源县韩洪乡

主要特征特性：藤蔓强大，幼枝稍有棱角，果球形，黑色，有 2 或 3 粒种子。抗寒性特强，能在 −30℃ 以下的情况下安全自然越冬，是栽培葡萄的优良砧木，也是培育抗寒葡萄新品种的良好材料。

图 1-90　山葡萄（ 2012142039 ）

1.91 繁峙软枣猕猴桃

调查编号：2015142040　　　　物种名称：猕猴桃

收集时间：2015 年　　　　　　收集地点：山西省忻州市繁峙县神堂堡乡

主要特征特性：果实类型较多，在形状上有短圆柱形、圆形、扁圆形，单果重有 10g 以上的，也有 7~8g 或更小的。果皮绿色，光滑，果肉细，味道鲜美，品质极佳，是一个亟待开发的树种。抗寒性强。

图 1-91　繁峙软枣猕猴桃（ 2015142040 ）

1.92 繁峙野核桃

调查编号：2015142039　　　物种名称：核桃

收集时间：2015 年　　　　　收集地点：山西省忻州市繁峙县神堂堡乡

主要特征特性：树体高大，小叶 9~17 片，叶背多毛，丰产，花序座果 3~8 个，是核桃抗性育种和丰产育种的好材料。

图 1-92　繁峙野核桃（2015142039）

1.93 五台大果平榛

调查编号：2012142003　　　物种名称：榛

收集时间：2012 年　　　　　收集地点：山西省忻州市五台县茹村乡

主要特征特性：长于海拔 1405m，丛状分布，果实较大，平均重 2g 左右，果实饱满丰产。抗寒性强，可在寒冷地区发展。

图 1-93　五台大果平榛（2012142003）

1.94 苦荞

调查编号：2012141003　　　　物种名称：荞麦

收集时间：2012 年　　　　　　收集地点：山西省忻州市五台县门限石乡

主要特征特性：全生育期 125d，幼苗绿色，株高 139cm，主茎节数 30.8，千粒重 14.1g，落粒性中等，抗旱、耐瘠薄。

图 1-94　苦荞（2012141003）

1.95 苦荞

调查编号：2012141101　　　　物种名称：荞麦

收集时间：2012 年　　　　　　收集地点：山西省忻州市五台县阳白乡

主要特征特性：全生育期 108d，幼苗浅绿色，株型半紧凑，籽粒接近成熟时植株生长点有花序分化，植株不再生长，高度较矮，株高 93cm，主茎节数 26.7，粒色浅褐色，落粒性中等，千粒重 15.2g，耐瘠薄。

图 1-95　苦荞（2012141101）

1.96 野荞麦

调查编号：2011141068　　　　物种名称：荞麦

收集时间：2011 年　　　　收集地点：山西省吕梁市兴县东会乡

主要特征特性：可饲用，株形松散，籽粒接近成熟时植株生长点有花序分化，植株不再生长，高度较矮，株高 80cm，全生育期 126d，花为粉色，雌雄蕊同长，粒色浅褐色，单株粒重 2.8g，千粒重 12.4g，高度抗倒伏。

图 1-96　野荞麦（2011141068）

1.97 荞麦

调查编号：2012141245　　　　物种名称：荞麦

收集时间：2012 年　　　　收集地点：山西省吕梁市石楼县小蒜镇

主要特征特性：株高 101cm，主茎节数 11.4，主茎分枝数 14.7，粒色浅褐色，种皮褐色，种子呈短锥形，千粒重 32.6g，优质，抗旱，耐贫瘠。

图 1-97　荞麦（2012141245）

1.98 荞麦

调查编号：2012141328　　　　物种名称：荞麦

收集时间：2012 年　　　　　　收集地点：山西省临汾市隰县下李乡

主要特征特性：全生育期 118d，株高 101cm，主茎节数 11.2，主茎分枝数 15.7，花白色，种皮灰白色，种子呈短锥形，千粒重 33.8g，不易落粒。

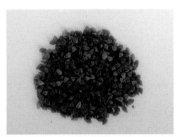

图 1-98　荞麦（2012141328）

1.99 长沟胡麻

调查编号：2011142021　　　　物种名称：胡麻

收集时间：2011 年　　　　　　收集地点：山西省大同市灵丘县白崖台乡

主要特征特性：全生育期 97d，中熟，株高 74cm，分枝紧凑，千粒重 6.1g，形态一致，芽期、苗期一级抗旱。

图 1-99　长沟胡麻（2011142021）

1.100 胡麻

调查编号：2012141119　　　　物种名称：胡麻

收集时间：2012 年　　　　　　收集地点：山西省忻州市五寨县杏岭子乡

主要特征特性：全生育期 112d，晚熟，株高 66cm，千粒重 5.7g，形态非连续变异，苗期一级抗旱，芽期三级抗旱。

图 1-100　胡麻（2012141119）

1.101 胡麻

调查编号：2012141144　　　　物种名称：胡麻

收集时间：2012 年　　　　　　收集地点：山西省忻州市五寨县小河头镇

主要特征特性：全生育期 112d，晚熟，株高 60cm，分枝紧凑，千粒重 6.1g，形态连续变异，全生育期二级抗旱。

图 1-101　胡麻（2012141144）

1.102 胡麻

调查编号：2012141172　　　　物种名称：胡麻

收集时间：2012 年　　　　　　收集地点：山西省忻州市五寨县孙家坪乡

主要特征特性：全生育期 103d，中熟，株高 59cm，千粒重 6.7g，形态非连续变异，全生育期一级抗旱。

图 1-102　胡麻（2012141172）

1.103 胡麻

调查编号：2012141179　　　　物种名称：胡麻

收集时间：2012 年　　　　　　收集地点：山西省忻州市五寨县孙家坪乡

主要特征特性：全生育期 98d，中熟，株高 69cm，分枝紧凑，千粒重 5.4g，形态连续变异，抗旱试验结果表明该资源芽期和苗期都为二级抗旱。

图 1-103　胡麻（2012141179）

1.104 黑芝麻

调查编号：2012141116　　　　物种名称：芝麻

收集时间：2012 年　　　　　　收集地点：山西省忻州市五台县阳白乡

主要特征特性：全生育期 119d，植株主茎生长点无限分化花芽，株型直立，株高 150cm，千粒重 2.8g，抗逆性强，耐瘠薄。

图 1-104　黑芝麻（2012141116）

1.105 芝麻

调查编号：2012141228　　　　物种名称：芝麻

收集时间：2012 年　　　　　　收集地点：山西省吕梁市石楼县龙交乡

主要特征特性：全生育期 118d，植株主茎生长点无限分化花芽，株型直立，株高 151cm，千粒重 3.3g，优质，耐瘠薄。

图 1-105　芝麻（2012141228）

1.106 本地麻子

调查编号：2011141059　　　　物种名称：大麻

收集时间：2011 年　　　　　　收集地点：山西省吕梁市兴县东会乡

主要特征特性：全生育期 142d，株高 204cm，茎粗 1.2cm，叶数 54.0 片，节数 41.4 个，千粒重 20.1g，籽粒类型属小粒种。

图 1-106　本地麻子（ 2011141059 ）

1.107 麻子

调查编号：2012141184　　　　物种名称：大麻

收集时间：2012 年　　　　　　收集地点：山西省忻州市五寨县孙家坪乡

主要特征特性：全生育期 143d，单叶小叶数 10 片，种子近圆形，种皮褐色，种子千粒重 38.2g，抗逆性强，耐瘠薄。

图 1-107　麻子（ 2012141184 ）

1.108 砖庙黄芥

调查编号：2012141001　　　　物种名称：油菜

收集时间：2012 年　　　　收集地点：山西省忻州市五台县门限石乡

主要特征特性：全生育期 102d，子叶心脏形，幼茎紫色，叶浅绿色，株高 159cm，一次有效分枝数 6.2，每果粒数 18.6 粒，单株粒重 15.1g。

图 1-108　砖庙黄芥（2012141001）

1.109 黄芥

调查编号：2011141021　　　　物种名称：油菜

收集时间：2011 年　　　　收集地点：山西省大同市灵丘县石家田乡

主要特征特性：全生育期 101d，株高 132cm，一次有效分枝数 6，角果斜生，每果粒数 10.8 粒，单株粒重 10.8g。

图 1-109　黄芥（2011141021）

1.110 朝阳葵花

调查编号：2011141016　　　　物种名称：向日葵

收集时间：2011 年　　　　　　收集地点：山西省大同市灵丘县石家田乡

主要特征特性：株高 312cm，茎粗 3.2cm，幼茎花青苷色素弱，籽粒多，优质，耐瘠薄。

图 1-110　朝阳葵花（2011141016）

1.111 本地葵花

调查编号：2011142044　　　　物种名称：向日葵

收集时间：2011 年　　　　　　收集地点：山西省大同市灵丘县史庄乡

主要特征特性：株高 273cm，茎粗 3.4cm，幼茎花青苷色素中等，优质，耐瘠薄。

图 1-111　本地葵花（2011142044）

1.112 李家梁瓜

调查编号：2011141108　　　　物种名称：南瓜

收集时间：2011 年　　　　　　收集地点：山西省吕梁市兴县罗峪口镇

主要特征特性：子叶深绿，蔓生，主蔓刺毛多，叶形掌状，叶深绿色，叶缘全缘。

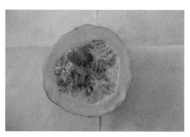

图 1-112　李家梁瓜（2011141108）

1.113 本地西葫芦

调查编号：2011142019　　　　物种名称：南瓜

收集时间：2011 年　　　　　　收集地点：山西省大同市灵丘县白崖台乡

主要特征特性：子叶绿色，子叶长 4.0cm，宽 2.5cm，蔓生，叶形掌状，产量较高。

图 1-113　本地西葫芦（2011142019）

第 2 章
陕西省抗逆农作物种质资源多样性

2.1 玉米

调查编号：2012611332　　　　物种名称：玉米
收集时间：2012 年　　　　收集地点：陕西省榆林市定边县新安边镇
主要特征特性：抗旱。株高 120~250cm，籽粒圆形，饱满，可用作饲料、食物和工业
原料。

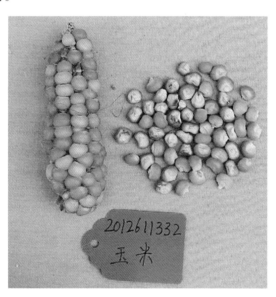

图 2-1　玉米（2012611332）

2.2 玉米

调查编号：2012611403　　　　物种名称：玉米

收集时间：2012 年　　　　　　收集地点：陕西省延安市安塞区坪桥镇

主要特征特性：抗旱。株高 150~200cm，籽粒性状为扁平状。可用作饲料、食物和工业原料，玉米秆可加工牲畜饲料。

图 2-2　玉米（2012611403）

2.3 玉米

调查编号：2012612033　　　　物种名称：玉米

收集时间：2012 年　　　　　　收集地点：陕西省榆林市府谷县墙头乡

主要特征特性：抗旱。籽粒圆形，在瘠薄地结实性也较好，加工食用口感较好，可用作饲料、食物和工业原料。

图 2-3　玉米（2012612033）

2.4 玉米

调查编号：2012612068　　　　　物种名称：玉米

收集时间：2012 年　　　　　　　收集地点：陕西省榆林市府谷县清水乡

主要特征特性：抗旱。株高 200~250cm，果穗较长，达到 25~30cm，籽粒扁平状。有增产潜力，可用作饲料、食物和工业原料。

图 2-4　玉米（2012612068）

2.5 玉米

调查编号：2012612057　　　　　物种名称：玉米

收集时间：2012 年　　　　　　　收集地点：陕西省榆林市府谷县清水乡

主要特征特性：抗旱。株高 150~200cm，果穗较长，每穗结实率较高，基本没有不育穗头，每穗结实 450~500 粒。加工食用口感好，农民的认知性较高，可用作饲料、食物和工业原料。

图 2-5　玉米（2012612057）

2.6 玉米

调查编号：2012612304 物种名称：玉米

收集时间：2012 年 收集地点：陕西省咸阳市长武县相公镇

主要特征特性：抗旱。株高 130~200cm，果穗长 12~15cm，果穗较粗，籽粒数为 250~300 粒，籽粒为黑色。可用作饲料、食物和工业原料。

图 2-6 玉米（**2012612304**）

2.7 高粱

调查编号：2012612195 物种名称：高粱

收集时间：2012 年 收集地点：陕西省神木市太和寨乡

主要特征特性：抗旱，耐涝。秆较粗壮，直立，株高 300~500cm，横径 4~7cm。穗可制笤帚或炊帚，嫩叶阴干青贮，晒干后可作饲料。

图 2-7 高粱（**2012612195**）

2.8 高粱

调查编号：2012612377　　　　物种名称：高粱

收集时间：2012 年　　　　　　收集地点：陕西省咸阳市长武县相公镇

主要特征特性：抗旱，耐涝。秆粗，花柱分离，柱头帚状。高粱根系发达，根细胞具有较高的渗透压，从土壤中吸收水分能力强。茎、叶表面有白色蜡质，具有保水作用。

图 2-8　高粱（2012612377）

2.9 谷子

调查编号：2012611203　　　　物种名称：谷子

收集时间：2012 年　　　　　　收集地点：陕西省榆林市定边县纪畔乡

主要特征特性：抗旱。秆粗壮、分蘖少，叶片狭长披针形，每穗结实数百至上千粒，籽实极小，径约 0.1cm，谷穗一般成熟后金黄色，穗长 20cm 左右。卵圆形籽实，粒小多为黄色。去皮后俗称小米，谷粒的营养价值很高，其谷糠是猪、鸡的良好饲料。

图 2-9　谷子（2012611203）

2.10 谷子

调查编号：2012611216　　　　物种名称：谷子

收集时间：2012 年　　　　　　收集地点：陕西省榆林市定边县纪畔乡

主要特征特性：抗旱，耐盐。株高 100~120cm，秆粗，穗长 25cm 左右，籽粒小圆形，叶宽，叶长 40cm 左右。

图 2-10　谷子（2012611216）

2.11 谷子

调查编号：2012611307　　　　物种名称：谷子

收集时间：2012 年　　　　　　收集地点：陕西省榆林市定边县种子站

主要特征特性：抗旱。株高 90~100cm，穗长 20cm 左右，成熟期穗子金黄色。

图 2-11　谷子（2012611307）

2.12 谷子

调查编号：2012611337　　　　物种名称：谷子

收集时间：2012 年　　　　　　收集地点：陕西省榆林市定边县新安边镇

主要特征特性：抗旱。株高 120~150cm，圆锥花序呈圆柱状或近纺锤状，通常下垂，基部多少有间断，长 20cm 左右，宽 1.5~2cm。

图 2-12　谷子（2012611337）

2.13 谷子

调查编号：2012611478　　　　物种名称：谷子

收集时间：2012 年　　　　　　收集地点：陕西省延安市安塞区王窑乡

主要特征特性：抗旱，耐盐。株高 150cm 左右，茎秆粗，圆锥花序呈圆柱状，通常下垂，长 20cm 左右，宽 2cm 左右，籽粒较圆。

图 2-13　谷子（2012611478）

2.14 谷子

调查编号：2012612028　　　　物种名称：谷子

收集时间：2012 年　　　　　　收集地点：陕西省榆林市府谷县墙头乡

主要特征特性：耐盐。株高 100~150cm，茎秆粗，圆锥花序呈纺锤状，通常下垂，长 20~25cm，宽 2cm 左右，基部较粗，籽粒较圆。

图 2-14　谷子（2012612028）

2.15 谷子

调查编号：2012612048　　　　物种名称：谷子

收集时间：2012 年　　　　　　收集地点：陕西省榆林市府谷县清水乡

主要特征特性：耐盐。株高 120~160cm，茎秆粗，圆锥花序呈纺锤状，通常下垂，穗长 25cm 左右，宽 1.0~2.0cm，顶部比基部较粗，籽粒较圆。

图 2-15　谷子（2012612048）

2.16 谷子

调查编号：2012612079　　　　物种名称：谷子

收集时间：2012 年　　　　　　收集地点：陕西省榆林市府谷县武家庄乡

主要特征特性：抗旱。穗长 25cm 左右，粗细均匀。籽粒大而饱满，食用口感好。

图 2-16　谷子（2012612079）

2.17 谷子

调查编号：2012612091　　　　物种名称：谷子

收集时间：2012 年　　　　　　收集地点：陕西省榆林市府谷县武家庄乡

主要特征特性：抗旱。株高 100~160cm，茎秆较细，圆锥花序呈纺锤状，通常下垂，穗长 23cm 左右，宽 1.0~1.8cm，籽粒较圆。

图 2-17　谷子（2012612091）

2.18 谷子

调查编号：2012612092　　　　物种名称：谷子

收集时间：2012 年　　　　　　收集地点：陕西省榆林市府谷县武家庄乡

主要特征特性：耐盐。圆锥花序呈纺锤状，通常下垂，穗长 23~30cm，宽 1.0~2.0cm，籽粒较圆，偏黄。

图 2-18　谷子（2012612092）

2.19 谷子

调查编号：2012612113　　　　物种名称：谷子

收集时间：2012 年　　　　　　收集地点：陕西省榆林市府谷县武家庄乡

主要特征特性：抗旱。茎秆粗壮，圆锥花序呈纺锤状，通常下垂，结实率高，籽粒较圆。

图 2-19　谷子（2012612113）

2.20 谷子

调查编号：2012612115　　　　物种名称：谷子

收集时间：2012 年　　　　　收集地点：陕西省榆林市府谷县武家庄乡

主要特征特性：抗旱，耐盐。茎秆粗，圆锥花序呈纺锤状，通常下垂，穗长较长，粗细均匀。籽粒圆而饱满，煮粥口感好。

图 2-20　谷子（2012612115）

2.21 谷子

调查编号：2012612187　　　　物种名称：谷子

收集时间：2012 年　　　　　收集地点：陕西省神木市解家堡乡

主要特征特性：耐盐。茎秆粗，圆锥花序呈纺锤状，通常下垂，基部比顶部粗，结实率高，籽粒较圆。

图 2-21　谷子（2012612187）

2.22 糜子

调查编号：2012611034　　　　物种名称：黍

收集时间：2012 年　　　　　　收集地点：陕西省榆林市靖边县新城乡

主要特征特性：抗旱，耐盐。黄软糜子，茎秆粗壮，圆锥花序自然下垂。籽粒为橘红色，口感好。

图 2-22　糜子（2012611034）

2.23 糜子

调查编号：2012611052　　　　物种名称：黍

收集时间：2012 年　　　　　　收集地点：陕西省榆林市靖边县新城乡

主要特征特性：抗旱，耐盐。硬黄糜子，茎秆粗壮，圆锥花序自然下垂，穗长 40cm左右。

图 2-23　糜子（2012611052）

2.24 糜子

调查编号：2012611056　　　　物种名称：黍

收集时间：2012 年　　　　　　收集地点：陕西省榆林市靖边县新城乡

主要特征特性：抗旱，耐盐。硬糜子，籽粒浅黄色，结实率高。

图 2-24　糜子（2012611056）

2.25 糜子

调查编号：2012611210　　　　物种名称：黍

收集时间：2012 年　　　　　　收集地点：陕西省榆林市定边县纪畔乡

主要特征特性：抗旱，耐盐。硬白糜子，圆锥花序自然下垂，穗长 40cm 左右。

图 2-25　糜子（2012611210）

2.26 糜子

调查编号：2012611285　　　　物种名称：黍

收集时间：2012 年　　　　收集地点：陕西省榆林市定边县种子站

主要特征特性：抗旱，耐盐。株高 80cm 左右，穗长 30cm 左右，籽粒白色，色泽好，商品性高。

图 2-26　糜子（2012611285）

2.27 糜子

调查编号：2012611294　　　　物种名称：黍

收集时间：2012 年　　　　收集地点：陕西省榆林市定边县种子站

主要特征特性：抗旱，耐盐。横山白软糜，茎秆粗壮，穗长 40cm 左右，籽粒饱满。

图 2-27　糜子（2012611294）

2.28 糜子

调查编号：2012611295　　　　物种名称：黍

收集时间：2012 年　　　　　　收集地点：陕西省榆林市定边县种子站

主要特征特性：抗旱，耐盐。硬黄糜，株高 90cm 左右，籽粒圆小，橘红色。

图 2-28　糜子（2012611295）

2.29 糜子

调查编号：2012611305　　　　物种名称：黍

收集时间：2012 年　　　　　　收集地点：陕西省榆林市定边县种子站

主要特征特性：抗旱，耐盐。横山竹糜，茎秆粗壮，圆锥花序自然下垂，食用口感好。

图 2-29　糜子（2012611305）

2.30 糜子

调查编号：2012611306　　　　物种名称：黍

收集时间：2012 年　　　　收集地点：陕西省榆林市定边县种子站

主要特征特性：抗旱，耐盐。神木红糯糜子，株高 100cm 左右，茎秆粗壮，穗长 10~15cm，结实率高，做糕点口感好。

图 2-30　糜子（2012611306）

2.31 糜子

调查编号：2012611338　　　　物种名称：黍

收集时间：2012 年　　　　收集地点：陕西省榆林市定边县新安边镇

主要特征特性：抗旱，耐盐。软白糜子，株高 110cm 左右，茎秆粗壮，穗长 20cm 左右。

图 2-31　糜子（2012611338）

2.32 糜子

调查编号：2012611362　　　　物种名称：黍

收集时间：2012 年　　　　收集地点：陕西省延安市安塞区沿河湾镇

主要特征特性：抗旱，耐盐。软黄糜子，株高 90cm 左右，茎秆较细，籽粒饱满。

图 2-32　糜子（2012611362）

2.33 糜子

调查编号：2012611376　　　　物种名称：黍

收集时间：2012 年　　　　收集地点：陕西省延安市安塞区坪桥镇

主要特征特性：抗旱，耐盐。软糜子，茎秆粗壮，株高 100cm 左右，圆锥花絮自然下垂，长 15cm 左右，籽粒均匀。

图 2-33　糜子（2012611376）

2.34 糜子

调查编号：2012611378　　　　物种名称：黍

收集时间：2012 年　　　　　　收集地点：陕西省延安市安塞区坪桥镇

主要特征特性：抗旱，耐盐。硬糜子，秆粗壮，株高 100cm 左右，圆锥花序较分散。

图 2-34　糜子（ 2012611378 ）

2.35 糜子

调查编号：2012611422　　　　物种名称：黍

收集时间：2012 年　　　　　　收集地点：陕西省延安市安塞区坪桥镇

主要特征特性：抗旱，耐盐。黄硬糜子，株高 100~120cm，秆粗壮，圆锥花序较分散，籽粒近圆形，白粒，色泽好，商品性高。

图 2-35　糜子（ 2012611422 ）

2.36 糜子

调查编号：2012611457 物种名称：黍

收集时间：2012 年 收集地点：陕西省延安市安塞区王窑乡

主要特征特性：抗旱，耐盐。软糜子，秆粗壮，结实性好，营养成分高。

图 2-36 糜子（2012611457）

2.37 糜子

调查编号：2012611466 物种名称：黍

收集时间：2012 年 收集地点：陕西省延安市安塞区王窑乡

主要特征特性：抗旱，耐盐。白软糜子，株高 95cm 左右，圆锥花序自然下垂，长 15cm 左右，籽粒近球形，白粒。

图 2-37 糜子（2012611466）

2.38 糜子

调查编号：2012611492　　　　　物种名称：黍

收集时间：2012 年　　　　　　　收集地点：陕西省延安市安塞区沿河湾镇

主要特征特性：抗旱，耐盐。株高 90cm 左右，圆锥花序较紧密，成熟时下垂，长 20cm 左右，分枝纤细。籽粒浅黄色，商品性好，口感好。

图 2-38　糜子（2012611492）

2.39 糜子

调查编号：2012611509　　　　　物种名称：黍

收集时间：2012 年　　　　　　　收集地点：陕西省延安市安塞区沿河湾镇

主要特征特性：抗旱，耐盐。株高 80cm 左右，圆锥花序较紧密，成熟时下垂，长 40cm 以上，分枝粗。籽粒橘红色，口感较好。

图 2-39　糜子（2012611509）

2.40 糜子

调查编号：2012611519　　　物种名称：黍

收集时间：2012 年　　　　　收集地点：陕西省延安市安塞区沿河湾镇

主要特征特性：抗旱，耐盐。株高 100~120cm，秆粗壮，直立，圆锥花序较紧密，成熟时下垂，长 30cm 左右，分枝较粗。籽粒橘红色，口感较好。

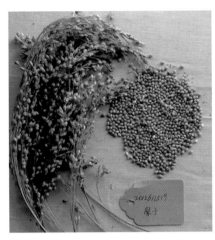 

图 2-40　糜子（2012611519）

2.41 糜子

调查编号：2012612027　　　物种名称：黍

收集时间：2012 年　　　　　收集地点：陕西省榆林市府谷县墙头乡

主要特征特性：抗旱，耐盐。株高 80~110cm，圆锥花序较分散，成熟时下垂，分枝较纤细，穗长 20~30cm。籽粒浅黄色，口感好。

图 2-41　糜子（2012612027）

2.42 糜子

调查编号：2012612040　　　　物种名称：黍

收集时间：2012 年　　　　　　收集地点：陕西省榆林市府谷县清水乡

主要特征特性：抗旱，耐盐。株高 80~110cm，圆锥花序较紧密，成熟时下垂，穗长 40cm 左右。籽粒浅黄色，口感好。

图 2-42　糜子（2012612040）

2.43 糜子

调查编号：2012612052　　　　物种名称：黍

收集时间：2012 年　　　　　　收集地点：陕西省榆林市府谷县清水乡

主要特征特性：抗旱，耐盐。株高 80~90cm，圆锥花序较紧密，成熟时下垂，穗长 30cm 左右。籽粒橘红色，口感好。

图 2-43　糜子（2012612052）

2.44 糜子

调查编号：2012612053　　　　物种名称：黍

收集时间：2012 年　　　　收集地点：陕西省榆林市府谷县清水乡

主要特征特性：抗旱，耐盐。株高 90cm 左右，下部裸露，上部密生小枝与小穗，籽粒橘红色。

图 2-44　糜子（2012612053）

2.45 糜子

调查编号：2012612066　　　　物种名称：黍

收集时间：2012 年　　　　收集地点：陕西省榆林市府谷县清水乡

主要特征特性：抗旱，耐盐。株高 100cm 左右，圆锥花序较紧密，分枝粗，具棱槽，边缘具糙刺毛。

图 2-45　糜子（2012612066）

2.46 糜子

调查编号：2012612094　　　　物种名称：黍

收集时间：2012 年　　　　　　收集地点：陕西省榆林市府谷县武家庄乡

主要特征特性：抗旱，耐盐。株高 90cm 左右，秆纤细，小穗卵状椭圆形，圆锥花序开展较分散。籽粒浅黄色。

图 2-46　糜子（2012612094）

2.47 糜子

调查编号：2012612095　　　　物种名称：黍

收集时间：2012 年　　　　　　收集地点：陕西省榆林市府谷县武家庄乡

主要特征特性：抗旱，耐盐。株高 70cm 左右，分枝纤细，圆锥花序开展。籽粒橘红色。

图 2-47　糜子（2012612095）

2.48 糜子

调查编号：2012612112　　　　物种名称：黍

收集时间：2012 年　　　　收集地点：陕西省榆林市府谷县武家庄乡

主要特征特性：抗旱，耐盐。秆粗壮，直立，株高 90cm 左右，圆锥花序开展，小穗卵状椭圆形。籽粒橘红色，口感好。

图 2-48　糜子（2012612112）

2.49 糜子

调查编号：2012612138　　　　物种名称：黍

收集时间：2012 年　　　　收集地点：陕西省神木市麻家塔乡

主要特征特性：抗旱，耐盐。秆粗壮，直立，株高 110cm 左右，单生，少数有分枝，圆锥花序开展，小穗卵状椭圆形。

图 2-49　糜子（2012612138）

2.50 糜子

调查编号：2012612174　　　　物种名称：黍

收集时间：2012 年　　　　　　收集地点：陕西省神木市解家堡乡

主要特征特性：抗旱，耐盐。株高 120cm 左右，秆粗壮，圆锥花序较紧密，成熟时下垂，长 40cm 左右。籽粒橘红色，商品性高。

图 2-50　糜子（2012612174）

2.51 糜子

调查编号：2012612188　　　　物种名称：黍

收集时间：2012 年　　　　　　收集地点：陕西省神木市解家堡乡

主要特征特性：抗旱，耐盐。株高 100cm 左右，秆粗壮，圆锥花序较紧密，成熟时下垂，长 30cm 左右，分枝纤细。籽粒橘红色。

图 2-51　糜子（2012612188）

2.52 糜子

调查编号：2012612210　　　物种名称：黍

收集时间：2012 年　　　　　收集地点：陕西省神木市太和寨乡

主要特征特性：抗旱，耐盐。一年生草本，秆粗壮，直立，株高 110cm 左右，有时有分枝，圆锥花序，成熟时下垂，穗长 30~40cm。

图 2-52　糜子（2012612210）

2.53 荞麦

调查编号：2012612099　　　物种名称：荞麦

收集时间：2012 年　　　　　收集地点：陕西省榆林市府谷县武家庄乡

主要特征特性：抗旱。株高 60~80cm，上部分枝，秆红色，开白花，结实性好。籽粒褐色，食用口感好。

图 2-53　荞麦（2012612099）

2.54 荞麦

调查编号：2012612107　　　　　物种名称：荞麦

收集时间：2012 年　　　　　　　收集地点：陕西省榆林市府谷县武家庄乡

主要特征特性：抗旱。株高 80~100cm，茎直立，上部分枝，秆浅红色，结实性好。籽粒褐色，食用口感好。

图 2-54　荞麦（2012612107）

2.55 荞麦

调查编号：2012612137　　　　　物种名称：荞麦

收集时间：2012 年　　　　　　　收集地点：陕西省神木市麻家塔乡

主要特征特性：耐瘠薄，抗旱。株高 70cm 左右，花序伞房状，顶生，结实性好。籽粒褐色，食用口感好。

图 2-55　荞麦（2012612137）

2.56 荞麦

调查编号：2012612154 　　　　物种名称：荞麦

收集时间：2012 年 　　　　收集地点：陕西省神木市解家堡乡

主要特征特性：耐瘠薄，抗旱。株高 60~70cm，从基部开始分枝，花序伞房状，顶生，花浅红色，结实性好。籽粒褐色，食用口感好。

图 2-56　荞麦（2012612154）

2.57 荞麦

调查编号：2012612064 　　　　物种名称：荞麦

收集时间：2012 年 　　　　收集地点：陕西省榆林市府谷县清水乡

主要特征特性：耐瘠薄，抗旱。株高 60~70cm，从上部开始分枝，花序伞房状，顶生，花浅红色，籽粒褐色，瘦果卵形，具 3 锐棱，顶端渐尖，食用口感好。

图 2-57　荞麦（2012612064）

2.58 黑豆

调查编号：2012612270　　　　物种名称：大豆

收集时间：2012 年　　　　　　收集地点：陕西省咸阳市长武县枣元乡

主要特征特性：耐盐。株高 70~80cm，茎直立，子叶肥厚，籽粒椭圆形，稍扁，表皮黑色，黑豆营养丰富，含有蛋白质、脂肪、维生素、微量元素等多种营养成分，同时又具有多种生物活性物质，如黑豆色素、黑豆多糖和异黄酮等。

图 2-58　黑豆（2012612270）

2.59 黑豆

调查编号：2012612271　　　　物种名称：大豆

收集时间：2012 年　　　　　　收集地点：陕西省咸阳市长武县枣元乡

主要特征特性：耐盐。株高 60~70cm，茎直立，花冠蝶形，籽粒椭圆形，稍扁，表皮黑色，荚果长方披针形，长 5~7cm，宽约 1cm，先端有微凸尖，成熟后褐色。

图 2-59　黑豆（2012612271）

2.60 黑豆

调查编号：2012612287 物种名称：大豆

收集时间：2012 年 收集地点：陕西省咸阳市长武县枣元乡

主要特征特性：抗旱。一年生草本，株高 50~80cm。茎直立，叶柄长，表皮黑色。

图 2-60 黑豆（2012612287）

2.61 黑豆

调查编号：2012612294 物种名称：大豆

收集时间：2012 年 收集地点：陕西省咸阳市长武县枣元乡

主要特征特性：耐盐。一年生草本，株高 50~60cm。茎直立，上部蔓生，豆荚黑色，籽粒黑色。黑豆具有养阴补气的作用，是强壮滋补食品。黑豆的异黄酮含量比黄豆还要多。

图 2-61 黑豆（2012612294）

2.62 黑豆

调查编号：2012612314　　　　物种名称：大豆
收集时间：2012 年　　　　收集地点：陕西省咸阳市长武县相公镇
主要特征特性：抗旱。株高 50~60cm。茎直立，豆荚成熟后黑色，籽粒黑色。《本草纲目》说："豆有五色，各治五脏，惟黑豆属水性寒，可以入肾。治水、消胀、下气、治风热而活血解毒，常食用黑豆，可百病不生。"药理研究结果显示，黑豆具有养阴补气的作用。

图 2-62　黑豆（2012612314）

2.63 黑豆

调查编号：2012612400　　　　物种名称：大豆
收集时间：2012 年　　　　收集地点：陕西省咸阳市长武县相公镇
主要特征特性：抗旱，耐盐。株高 50~60cm。茎直立，基部分枝较多，籽粒饱满，结实率高，豆荚成熟后黑色，籽粒黑色。黑豆具有高蛋白、低热量的特性，蛋白质含量高达 45% 以上。

图 2-63　黑豆（2012612400）

2.64 黄豆

调查编号：2012611474　　　　　物种名称：大豆

收集时间：2012 年　　　　　　　收集地点：陕西省延安市安塞区王窑乡

主要特征特性：耐盐，耐瘠薄。株高 70cm 左右，结实性好，豆荚长度在 5cm 左右。籽粒色泽好，饱满度好，籽粒大小整齐均匀一致，食用口感好。

图 2-64　黄豆（2012611474）

2.65 黄豆

调查编号：2012612310　　　　　物种名称：大豆

收集时间：2012 年　　　　　　　收集地点：陕西省咸阳市长武县相公镇

主要特征特性：耐盐，耐瘠薄。株高 40cm 左右，结实性好，豆荚长度在 5cm 左右。籽粒色泽好，食用口感好。

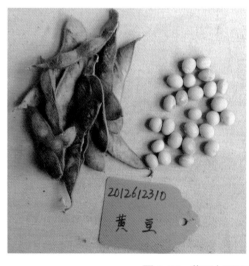  

图 2-65　黄豆（2012612310）

2.66 黄豆

调查编号：2012612311　　　　　物种名称：大豆

收集时间：2012 年　　　　　　　收集地点：陕西省咸阳市长武县相公镇

主要特征特性：耐盐。株高 40~50cm，结实性好，豆荚长度在 5cm 左右，收获时叶子基本脱落。籽粒色泽好，食用口感好。

图 2-66　黄豆（2012612311）

2.67 黄豆

调查编号：2012612312　　　　　物种名称：大豆

收集时间：2012 年　　　　　　　收集地点：陕西省咸阳市长武县相公镇

主要特征特性：耐盐。株高 40~60cm，结实性好，豆荚长 5~7cm。籽粒色泽好，食用口感好。

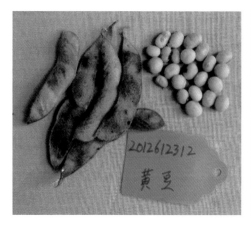

图 2-67　黄豆（2012612312）

2.68 槐豆

调查编号：2012612347　　　　　物种名称：大豆

收集时间：2012 年　　　　　　　收集地点：陕西省咸阳市长武县相公镇

主要特征特性：豆荚和黄豆很相似，株高 40~50cm，籽粒褐色，豆荚结实性好，籽粒色泽好，在长武县当地农民广泛种植，做豆腐口感好。

图 2-68　槐豆（2012612347）

2.69 槐豆

调查编号：2012612401　　　　　物种名称：大豆

收集时间：2012 年　　　　　　　收集地点：陕西省咸阳市长武县相公镇

主要特征特性：抗旱，耐盐。种子 3 或 4 粒，卵圆形，种皮光滑，浅褐色。花期 6~7 月，果期 8~9 月。很受农民欢迎。

图 2-69　槐豆（2012612401）

2.70 绿豆

调查编号：2012611090　　　　物种名称：绿豆

收集时间：2012 年　　　　　　收集地点：陕西省榆林市靖边县青阳岔镇

主要特征特性：抗旱。豆荚黑壳，结实性好，豆荚长 10~20cm。籽粒色泽好，食用口感好。

图 2-70　绿豆（2012611090）

2.71 绿豆

调查编号：2012612308　　　　物种名称：大豆

收集时间：2012 年　　　　　　收集地点：陕西省咸阳市长武县相公镇

主要特征特性：抗旱。株高 50cm 左右，全生育期 100d 左右。豆荚黑色，籽粒大，圆形。

图 2-71　绿豆（2012612308）

2.72 绿豆

调查编号：2012611219　　　　物种名称：绿豆

收集时间：2012 年　　　　　收集地点：陕西省榆林市定边县纪畔乡

主要特征特性：抗旱。豆荚黑壳，结实性好，开浅黄色花，豆荚长度在 20cm 左右。籽粒色泽好，食用口感好。

图 2-72　绿豆（2012611219）

2.73 绿豆

调查编号：2012611477　　　　物种名称：绿豆

收集时间：2012 年　　　　　收集地点：陕西省延安市安塞区王窑乡

主要特征特性：抗旱。豆荚黑壳，结实性好，开浅黄色花，豆荚长 20~25cm。籽粒色泽好，食用口感好。

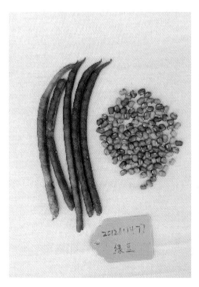 

图 2-73　绿豆（2012611477）

2.74 绿豆

调查编号：2012612007　　　　物种名称：绿豆

收集时间：2012 年　　　　收集地点：陕西省榆林市府谷县墙头乡

主要特征特性：抗旱。豆荚黑壳，结实性好，豆荚长 20~25cm。籽粒色泽好，商品性好，食用口感好。

图 2-74　绿豆（2012612007）

2.75 绿豆

调查编号：2012611080　　　　物种名称：绿豆

收集时间：2012 年　　　　收集地点：陕西省榆林市靖边县青阳岔镇

主要特征特性：豆荚白壳，结实性好，豆荚长 20~25cm。籽粒色泽好，食用口感好。

图 2-75　绿豆（2012611080）

2.76 绿豆

调查编号：2012611271　　　　物种名称：绿豆
收集时间：2012 年　　　　　　收集地点：陕西省榆林市定边县种子站
主要特征特性：豆荚黑壳，结实性好，籽粒色泽好，花期比较集中，食用口感好。

图 2-76　绿豆（2012611271）

2.77 豆角

调查编号：2012611066　　　　物种名称：普通菜豆
收集时间：2012 年　　　　　　收集地点：陕西省榆林市靖边县青阳岔镇
主要特征特性：抗旱。豆荚结实性好，籽粒褐色，色泽好，食用口感好。

图 2-77　豆角（2012611066）

2.78 豆角

调查编号：2012611111　　　　物种名称：普通菜豆
收集时间：2012 年　　　　　　收集地点：陕西省榆林市靖边县天赐湾乡
主要特征特性：豆荚结实性好，籽粒色泽好，食用口感好，不容易生虫。

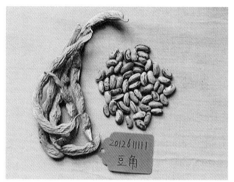

图 2-78　豆角（ 2012611111 ）

2.79 豆角

调查编号：2012611116　　　　物种名称：普通菜豆
收集时间：2012 年　　　　　　收集地点：陕西省榆林市靖边县天赐湾乡
主要特征特性：豆荚结实性好，籽粒色泽好，食用口感好。

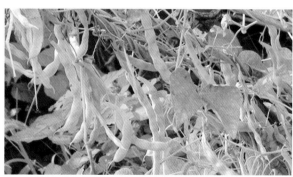

图 2-79　豆角（ 2012611116 ）

2.80 豆角

调查编号：2012611224　　　　物种名称：普通菜豆
收集时间：2012 年　　　　　　收集地点：陕西省榆林市定边县纪畔乡
主要特征特性：豆荚结实性好，籽粒浅褐色，食用口感好。

图 2-80　豆角（2012611224）

2.81 豆角

调查编号：2012611257　　　　物种名称：普通菜豆
收集时间：2012 年　　　　　　收集地点：陕西省榆林市定边县樊学乡
主要特征特性：豆荚结实性好，豆荚长 15cm 左右，较整齐均匀，籽粒浅褐色，食用口感好。

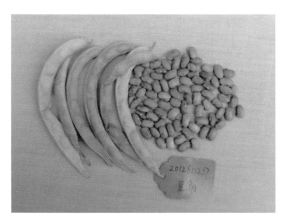 

图 2-81　豆角（2012611257）

2.82 豆角

调查编号：2012611393　　　　物种名称：普通菜豆

收集时间：2012 年　　　　　　收集地点：陕西省延安市安塞区坪桥镇

主要特征特性：豆荚结实性好，豆荚长 20cm 左右，表皮浅紫色。籽粒色泽好，食用口感好。

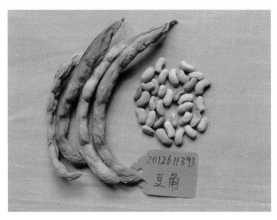

图 2-82　豆角（2012611393）

2.83 豆角

调查编号：2012611506　　　　物种名称：普通菜豆

收集时间：2012 年　　　　　　收集地点：陕西省延安市安塞区沿河湾镇

主要特征特性：豆荚结实性好，豆荚长 20cm 左右，最长的有 25cm。籽粒浅褐色，食用口感好。

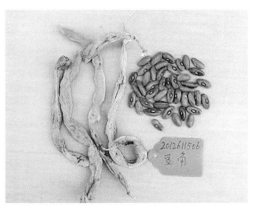

图 2-83　豆角（2012611506）

2.84 豆角

调查编号：2012612004　　　　物种名称：普通菜豆

收集时间：2012 年　　　　　　收集地点：陕西省榆林市府谷县墙头乡

主要特征特性：豆荚结实性好，豆荚长 10~15cm。籽粒白色，食用口感好。

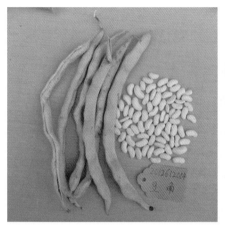

图 2-84　豆角（2012612004）

2.85 豆角

调查编号：2012612005　　　　物种名称：普通菜豆

收集时间：2012 年　　　　　　收集地点：陕西省榆林市府谷县墙头乡

主要特征特性：豆荚结实性好，籽粒白色，色泽好，商品性高，食用口感好。

图 2-85　豆角（2012612005）

2.86 豆角

调查编号：2012612167　　　物种名称：普通菜豆

收集时间：2012 年　　　　　收集地点：陕西省神木市解家堡乡

主要特征特性：豆荚结实性好，籽粒浅褐色，食用口感好。

图 2-86　豆角（2012612167）

2.87 豆角

调查编号：2012612201　　　物种名称：普通菜豆

收集时间：2012 年　　　　　收集地点：陕西省榆林市神木县太和寨乡

主要特征特性：豆荚结实性好，开紫色花，豆荚表皮浅紫色，籽粒色泽好，食用口感好。

图 2-87　豆角（2012612201）

2.88 豆角

调查编号：2012612259　　　　物种名称：普通菜豆

收集时间：2012 年　　　　　　收集地点：陕西省咸阳市长武县洪家镇

主要特征特性：豆荚结实性好，豆荚长 10~12cm。籽粒色泽好，食用口感好。

图 2-88　豆角（2012612259）

2.89 豆角

调查编号：2012612321　　　　物种名称：豇豆

收集时间：2012 年　　　　　　收集地点：陕西省咸阳市长武县相公镇

主要特征特性：开花期较长，豆荚结实性好，荚果线形，下垂，豆荚长 40~50cm，长势均匀整齐。籽粒色泽好，食用口感好。

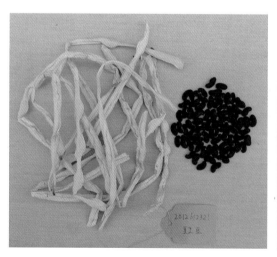 

图 2-89　豆角（2012612321）

2.90 小豆

调查编号：2012611282　　　　物种名称：小豆

收集时间：2012 年　　　　　　收集地点：陕西省榆林市定边县种子站

主要特征特性：豆荚白壳，结实性好。籽粒白色，食用口感好。

图 2-90　小豆（2012611282）

2.91 小豆

调查编号：2012611308　　　　物种名称：小豆

收集时间：2012 年　　　　　　收集地点：陕西省榆林市定边县种子站

主要特征特性：豆荚白壳，结实性好。籽粒白色发青，食用口感好。

图 2-91　小豆（2012611308）

2.92 红小豆

调查编号：2012611079　　　　　物种名称：小豆

收集时间：2012 年　　　　　　　收集地点：陕西省榆林市靖边县青阳岔镇

主要特征特性：豆荚白壳，结实性好。籽粒整齐均匀，色泽好，饱满度好，食用口感好。

图 2-92　红小豆（2012611079）

2.93 红小豆

调查编号：2012611317　　　　　物种名称：小豆

收集时间：2012 年　　　　　　　收集地点：陕西省榆林市定边县新安边镇

主要特征特性：豆荚白壳，结实性好。籽粒整齐均匀，色泽好，饱满度好，食用口感好。

图 2-93　红小豆（2012611317）

2.94 向日葵

调查编号：2012611013　　　　物种名称：向日葵

收集时间：2012 年　　　　　　收集地点：陕西省榆林市靖边县天赐湾乡

主要特征特性：抗旱。多花盘结实，壳黑色，籽粒饱满，商品性好。

图 2-94　向日葵（2012611013）

2.95 向日葵

调查编号：2012611302　　　　物种名称：向日葵

收集时间：2012 年　　　　　　收集地点：陕西省榆林市定边县种子站

主要特征特性：抗旱。秆粗，结实盘大，白壳，籽粒饱满，商品性好。

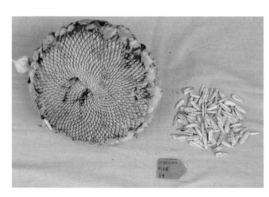

图 2-95　向日葵（2012611302）

2.96 向日葵

调查编号：2012611070　　　物种名称：向日葵

收集时间：2012 年　　　　　收集地点：陕西省榆林市靖边县青阳岔镇

主要特征特性：株高 200~210cm，黑壳，结实性好。籽粒饱满，商品性高，食用口感好。

图 2-96　向日葵（2012611070）

2.97 向日葵

调查编号：2012612054　　　物种名称：向日葵

收集时间：2012 年　　　　　收集地点：陕西省榆林市府谷县清水乡

主要特征特性：株高 200~250cm，秆粗，壳色黑白相间。籽粒饱满，商品性高，食用口感好。

图 2-97　向日葵（2012612054）

2.98 芝麻

调查编号：2012612010　　　　物种名称：芝麻

收集时间：2012 年　　　　　　收集地点：陕西省榆林市府谷县墙头乡

主要特征特性：株高 100~150cm，结实性好，比较密集。籽粒白色，食用口感好。

图 2-98　芝麻（2012612010）

2.99 花生

调查编号：2012611368　　　　物种名称：花生

收集时间：2012 年　　　　　　收集地点：陕西省延安市安塞区沿河湾镇

主要特征特性：夹壳厚，脉纹平滑，结实整齐均匀。籽粒浅红色，饱满度好，商品性高，食用口感好。

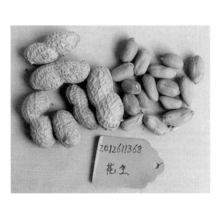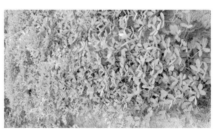

图 2-99　花生（2012611368）

2.100 花生

调查编号：2012611496　　　　物种名称：花生

收集时间：2012 年　　　　　　收集地点：陕西省延安市安塞区沿河湾镇

主要特征特性：结实性好，籽粒深红色，饱满度好，食用口感好。

图 2-100　花生（2012611496）

2.101 花生

调查编号：2012612030　　　　物种名称：花生

收集时间：2012 年　　　　　　收集地点：陕西省榆林市府谷县墙头乡

主要特征特性：结实性好，荚壳薄，荚果小，一般有 2 颗籽粒，出仁率高。籽粒饱满，浅红色，食用口感好。

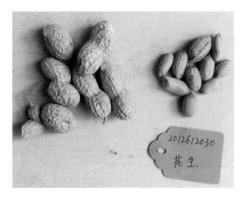

图 2-101　花生（2012612030）

2.102 花生

调查编号：2012612067　　　　物种名称：花生

收集时间：2012 年　　　　　　收集地点：陕西省榆林市府谷县清水乡

主要特征特性：结实性好，籽粒浅红色，整齐均匀，饱满度好，食用口感好。

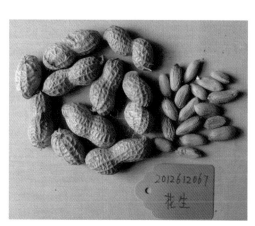

图 2-102　花生（2012612067）

2.103 南瓜

调查编号：2012611040　　　　物种名称：南瓜

收集时间：2012 年　　　　　　收集地点：陕西省榆林市靖边县新城乡

主要特征特性：耐旱。结实率高，果实性状一样，花色不同，有深绿色、黄色、黄色和绿色相间等，皮较厚，果肉金黄色，纤维少，肉质细密甜糯。单果重 1kg 左右。耐储存，食用口感好。

图 2-103　南瓜（2012611040）

2.104 南瓜

调查编号：2012611098　　　　物种名称：南瓜

收集时间：2012 年　　　　　　收集地点：陕西省榆林市靖边县青阳岔镇

主要特征特性：耐旱。果实结实率高，花色单一，为黄绿相间，蔓较长，达到 4~5m，食用口感好。

图 2-104　南瓜（2012611098）

2.105 南瓜

调查编号：2012611226　　　　物种名称：南瓜

收集时间：2012 年　　　　　　收集地点：陕西省榆林市定边县纪畔乡

主要特征特性：单瓜重 2kg 左右，果实扁圆形，果皮深绿色，果实整齐一致，商品率高。肉厚 3cm 左右，肉质致密，粉质高，风味口感好，适应性广。

图 2-105　南瓜（2012611226）

2.106 南瓜

调查编号：2012611385　　　　物种名称：南瓜

收集时间：2012 年　　　　收集地点：陕西省延安市安塞区坪桥镇

主要特征特性：耐旱。座果率高，果实扁圆形，果皮浅黄色，果实整齐一致，皮厚肉多，商品率高，口感甜味重，食用口感好。

图 2-106　南瓜（2012611385）

2.107 麻子

调查编号：2012611205　　　　物种名称：大麻

收集时间：2012 年　　　　收集地点：陕西省榆林市定边县纪畔乡

主要特征特性：所产籽粒同绿豆大小，外壳坚硬，内肉质香，可用于榨油，色泽暗黄，味道悠香。

图 2-107　麻子（2012611205）

2.108 麻子

调查编号：2012611471　　　　物种名称：大麻

收集时间：2012 年　　　　　　收集地点：陕西省延安市安塞区王窑乡

主要特征特性：株高 200cm 左右，分枝多，秋季成熟，等籽粒和秆分开后，将秆用水浸泡数日，再将皮剥下，即成麻。籽粒广泛用于烹调各种食物，也能直接食用。

图 2-108　麻子（2012611471）

2.109 黄芥

调查编号：2012612265　　　　物种名称：油菜

收集时间：2012 年　　　　　　收集地点：陕西省咸阳市长武县枣元乡

主要特征特性：属芥菜油菜类型。植株高大，株型分散，分株部位高，主根发达，花黄色，籽粒同小米般大小，色黄，生食有辛辣味。

图 2-109　黄芥（2012612265）

2.110 黄芥

调查编号：2012612096　　　　物种名称：油菜

收集时间：2012 年　　　　收集地点：陕西省榆林市府谷县武家庄乡

主要特征特性：耐旱，耐瘠薄。豆荚结实性好，是春播芥菜型油料作物，黄芥油含有特殊脂肪酸，具有质优、色亮、味美、食香、适口性好等特点。

图 2-110　黄芥（2012612096）

第3章

内蒙古自治区抗逆农作物种质资源多样性

3.1 糜子

调查编号：20121500210　　　　物种名称：黍

收集时间：2012 年　　　　　　　收集地点：内蒙古巴彦淖尔市杭锦后旗

主要特征特性：当地优良的糜子品种，5 月中旬播种，9 月中旬收获，全生育期 110d 左右，平均株高 210cm，穗长 50cm，籽粒红色，千粒重 7.0g，单株粒重 8.7g。品质优，抗旱性强（一级抗旱），耐盐，耐贫瘠，适应性广。可磨成面粉做面食，做炒米。谷粒供食用或酿酒，秆叶可为牲畜饲料。可直接用于生产，或可作为品质育种或抗旱研究的基础材料。

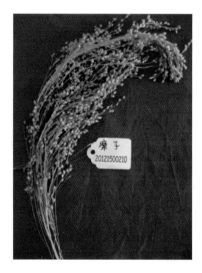 

图 3-1　糜子（20121500210）

3.2 糜子

调查编号：20121500121　　　　物种名称：黍

收集时间：2012 年　　　　收集地点：内蒙古巴彦淖尔市杭锦后旗

主要特征特性：当地优良的糜子品种，5 月中旬播种，8 月下旬收获。品质优，抗旱性强，耐贫瘠，品种适应性广。可直接用于生产，或可作为品质育种、早熟型或抗旱研究的基础材料。

 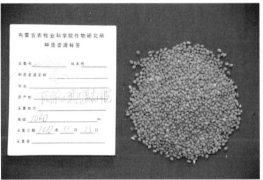

图 3-2　糜子（20121500121）

3.3 糜子

调查编号：20121500123　　　　物种名称：黍

收集时间：2012 年　　　　收集地点：内蒙古巴彦淖尔市杭锦后旗

主要特征特性：当地优良的糜子品种，5 月中旬播种，8 月下旬收获。适应性广，耐盐碱，耐贫瘠，一级抗旱。可磨成面粉做面食，做炒米。可直接用于生产，或可作为耐盐碱或抗旱育种的亲本材料。

 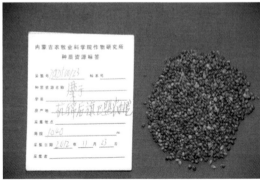

图 3-3　糜子（20121500123）

3.4 糜子

调查编号：20121500249　　　　物种名称：黍

收集时间：2012 年　　　　　　收集地点：内蒙古巴彦淖尔市杭锦后旗

主要特征特性：当地优良的糜子品种，5 月中旬播种，8 月下旬收获。品质优，抗旱性强，一级抗旱，耐贫瘠。直接用于生产，或可作为品质育种或抗旱研究的基础材料。

图 3-4　糜子（20121500249）

3.5 糜子

调查编号：20121500131　　　　物种名称：黍

收集时间：2012 年　　　　　　收集地点：内蒙古巴彦淖尔市杭锦后旗

主要特征特性：当地优良的中熟糜子品种，5 月中旬播种，8 月下旬收获，株高185cm。抗旱性强，耐盐碱，适应性广。可直接用于生产。

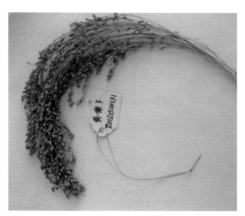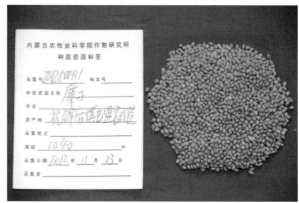

图 3-5　糜子（20121500131）

3.6 糜子

调查编号：20121500164　　　物种名称：黍

收集时间：2012 年　　　收集地点：内蒙古巴彦淖尔市杭锦后旗

主要特征特性：当地优良的早熟糜子品种，5 月中旬播种，8 月中下旬收获。抗旱性强，一级抗旱，耐贫瘠，适应性广。可直接用于生产，或可作为早熟型或抗旱育种的基础材料。

图 3-6　糜子（20121500164）

3.7 糜子

调查编号：20121500215　　　物种名称：黍

收集时间：2012 年　　　收集地点：巴彦淖尔市农牧业科学研究院试验田

主要特征特性：当地优良的中熟糜子品种，5 月中旬播种，8 月中旬收获。抗旱、耐盐性强。可直接用于生产，或可作为抗旱耐盐育种的基础材料。

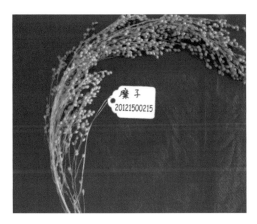 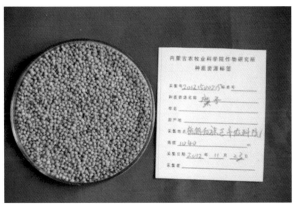

图 3-7　糜子（20121500215）

3.8 糜子

调查编号：20121500179　　　　物种名称：黍

收集时间：2012 年　　　　收集地点：巴彦淖尔市农牧业科学研究院试验田

主要特征特性：当地优良的中熟糜子品种，全生育期120d，株高210cm。抗旱、耐盐性强，产量高。可直接用于生产，或可作为丰产型、抗旱耐盐育种的基础材料。

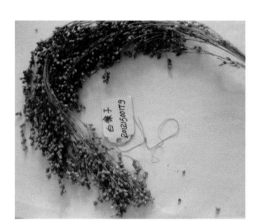 

图 3-8　糜子（20121500179）

3.9 糜子

调查编号：20121500222　　　　物种名称：黍

收集时间：2012 年　　　　收集地点：巴彦淖尔市农牧业科学研究院试验田

主要特征特性：当地优良的中熟糜子品种，5月中旬播种，8月下旬收获，株高195cm。抗旱性强，耐盐碱，适应性广。可直接用于生产。

图 3-9　糜子（20121500222）

3.10 糜子

调查编号：20121500193　　　　物种名称：黍

收集时间：2012 年　　　　　　收集地点：巴彦淖尔市农牧业科学研究院试验田

主要特征特性：当地优良的中熟糜子品种，5 月中旬播种，8 月下旬收获，株高 200cm，千粒重 7.9g。抗旱性强，耐盐碱，适应性广。可作为抗逆育种材料。

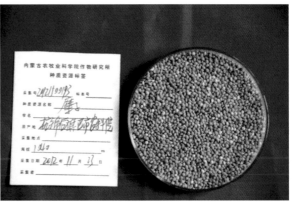

图 3-10　糜子（20121500193）

3.11 糜子

调查编号：20121500220　　　　物种名称：黍

收集时间：2012 年　　　　　　收集地点：巴彦淖尔市农牧业科学研究院试验田

主要特征特性：当地优良的中晚熟糜子品种，5 月中旬播种，9 月中旬收获，株高 240cm。抗旱性强，耐盐碱，适应性广。可直接用于生产或作为抗逆育种材料。

图 3-11　糜子（20121500220）

3.12 糜子

调查编号：20121500224　　　　物种名称：黍

收集时间：2012 年　　　　　　收集地点：巴彦淖尔市农牧业科学研究院试验田

主要特征特性：当地优良的糜子品种，5 月中旬播种，9 月中上旬收获。品质优，抗旱耐盐性强，耐贫瘠，品种适应性广。可直接用于生产，或可作为品质育种或抗旱研究的基础材料。

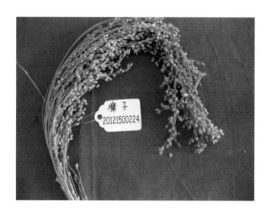

图 3-12　糜子（20121500224）

3.13 白硬糜子

调查编号：2013150040　　　　物种名称：黍

收集时间：2013 年　　　　　　收集地点：内蒙古鄂尔多斯市鄂托克前旗

主要特征特性：当地优良的糜子品种，5 月中旬播种，9 月下旬收获。品质优，抗旱性强，一级抗旱，耐贫瘠。直接用于生产，或可作为品质育种或抗旱研究的基础材料。

图 3-13　白硬糜子（2013150040）

3.14 紫秆糜子

调查编号：20121500420　　　　物种名称：黍

收集时间：2012 年　　　　　　收集地点：内蒙古巴彦淖尔市乌拉特前旗

主要特征特性：当地优良的糜子品种，5 月中旬播种，8 月下旬收获。产量高，抗旱性强，一级抗旱，耐贫瘠。可直接用于生产，或可作为丰产型育种或抗旱育种的基础材料。

 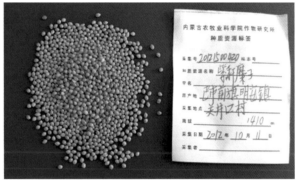

图 3-14　紫秆糜子（20121500420）

3.15 红糜子

调查编号：20121500424　　　　物种名称：黍

收集时间：2012 年　　　　　　收集地点：内蒙古巴彦淖尔市乌拉特前旗

主要特征特性：当地优良的糜子品种，5 月中旬播种，8 月下旬收获。品质优，产量高，抗旱性强，一级抗旱。可直接用于生产，或可作为丰产型、品质或抗旱育种的基础材料。

图 3-15　红糜子（20121500424）

3.16 小红糜子

调查编号：20121500446　　　　物种名称：黍

收集时间：2012 年　　　　收集地点：内蒙古巴彦淖尔市杭锦后旗

主要特征特性：当地优良的早熟糜子品种，5 月中旬播种，7 月下旬收获，全生育期 65d，株高 175cm。抗旱性强，一级抗旱，耐贫瘠，适应性广。可直接用于生产，或可作为早熟型或抗旱育种的基础材料。

图 3-16　小红糜子（20121500446）

3.17 白黍子

调查编号：20121500429　　　　物种名称：黍

收集时间：2012 年　　　　收集地点：内蒙古巴彦淖尔市乌拉特前旗明安镇

主要特征特性：当地优良的黍子品种，5 月中旬播种，9 月下旬收获，株高 190cm，穗长 42cm，叶片数 11 片，籽粒白色，千粒重 7.4g，单株粒重 9.6g。优异性状及利用价值：一级抗旱，一级抗盐，适应性广，优质，糯性强，口感好。可直接用于生产，或可作为品质育种及抗旱抗盐碱育种的基础材料。

图 3-17　白黍子（20121500429）

3.18 白黍子

调查编号：2012150002　　　　物种名称：黍

收集时间：2012 年　　　　　　收集地点：内蒙古鄂尔多斯市准格尔旗沙圪堵镇

主要特征特性：当地优良的黍子品种，5 月中旬播种，9 月下旬收获，全生育期 120d，株高 240cm，穗长 45cm，千粒重 7.5g。优质，抗旱，一级抗旱，适应性广，糯性强，口感好。可直接用于生产，或可作为品质育种及抗旱育种的基础材料。

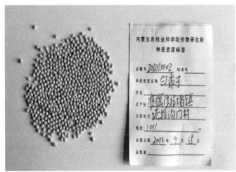

图 3-18　白黍子（2012150002）

3.19 青黍子

调查编号：20121500299　　　　物种名称：黍

收集时间：2012 年　　　　　　收集地点：内蒙古巴彦淖尔市乌拉特前旗小佘太镇

主要特征特性：当地优良的黍子品种，5 月中旬播种，8 月下旬收获。优质，糯性强，当地用来做炸糕，口感好。可直接用于生产，或可作为品质育种的基础材料。

图 3-19　青黍子（20121500299）

3.20 黄秆黑黍子

调查编号：2012150064　　　　物种名称：黍

收集时间：2012 年　　　　收集地点：内蒙古鄂尔多斯市准格尔旗沙圪堵镇

主要特征特性：当地优良的黍子品种，5 月中旬播种，9 月中旬收获，全生育期 110d 左右，株高 220cm，穗长 46cm，叶片数 10 片，籽粒黑色，千粒重 8.8g，单株粒重 7.7g。该品种一级抗旱，优质，适应性广，糯性强，当地用来做炸糕，口感好。

图 3-20　黄秆黑黍子（2012150064）

3.21 黍子

调查编号：20121500392　　　　物种名称：黍

收集时间：2012 年　　　　收集地点：内蒙古巴彦淖尔市乌拉特前旗小佘太镇

主要特征特性：当地优良的黍子品种，5 月中旬播种，8 月底收获，全生育期 100d，株高 170cm，穗长 42cm，千粒重 7.5g。优质，抗旱性强，一级抗旱，适应性广，糯性强，当地用来做炸糕，口感好。

图 3-21　黍子（20121500392）

3.22 黍子

调查编号：2012150308　　　　物种名称：黍

收集时间：2012 年　　　　　　收集地点：内蒙古巴彦淖尔市乌拉特前旗小佘太镇

主要特征特性：当地优良的黍子品种，5 月中旬播种，9 月中收获，全生育期 115d，株高 190cm，穗长 43cm，单株粒重 9.6g。优质、高产，抗旱性强，一级抗旱，糯性强，口感好。可直接用于生产，或可作为品质育种及抗旱育种的基础材料。

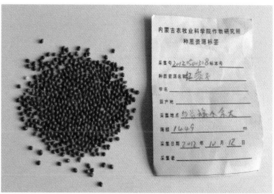

图 3-22　黍子（2012150308）

3.23 黑黍子

调查编号：20121500367　　　　物种名称：黍

收集时间：2012 年　　　　　　收集地点：内蒙古巴彦淖尔市乌拉特前旗小佘太镇

主要特征特性：当地优良的黍子品种，5 月中旬播种，8 月底收获，全生育期 100d，株高 200cm，穗长 43cm。优质，抗旱性强，一级抗旱，适应性广，糯性强，当地用来做炸糕，口感好。可直接用于生产，或可作为品质育种及抗旱育种的基础材料。

图 3-23　黑黍子（20121500367）

3.24 毛良谷

调查编号：2012150009　　　　物种名称：谷子

收集时间：2012 年　　　　　　收集地点：内蒙古鄂尔多斯市准格尔旗薛家湾镇

主要特征特性：当地高产优质的谷子品种，5 月中旬播种，9 月下旬收获，全生育期 130d 左右，株高 175cm，穗长 33cm，叶片数 14 片，籽粒黄色，千粒重 4.0g，单株粒重 27.7g。优异性状及利用价值：品质优，产量高，结实率高，耐盐碱，一级抗旱。用途多，籽粒煮粥口感好，秸秆可作饲料。可直接用于生产，可作为品质、丰产型或耐盐碱育种的基础材料。

图 3-24　毛良谷（2012150009）

3.25 谷子

调查编号：2012150030　　　　物种名称：谷子

收集时间：2012 年　　　　　　收集地点：内蒙古鄂尔多斯市达拉特旗

主要特征特性：当地优良的谷子品种，4 月下旬播种，9 月下旬收获。优质、一级抗旱、一级耐盐。结实率高。用途多，籽粒煮粥口感好，秸秆可作饲料。可作为抗性育种材料。

图 3-25　谷子（2012150030）

3.26 谷子

调查编号：2012150010　　　　　物种名称：谷子

收集时间：2012 年　　　　　　收集地点：内蒙古鄂尔多斯市准格尔旗薛家湾镇

主要特征特性：当地优良的谷子品种，4 月下旬播种，9 月上旬收获。全生育期 120d，株高 180cm，穗长 32cm，千粒重 3.8g。品质优，产量高。用途多，籽粒煮粥口感好，秸秆可作饲料。可直接用于生产。

图 3-26　谷子（2012150010）

3.27 谷子

调查编号：20121500386　　　　物种名称：谷子

收集时间：2012 年　　　　　　收集地点：内蒙古巴彦淖尔市乌拉特前旗小佘太镇

主要特征特性：当地优良的谷子品种，4 月下旬播种，9 月下旬收获。品质优，抗旱性强。籽粒煮粥口感好，秸秆可作饲料。可直接用于生产或作为抗旱性育种的基础材料。

图 3-27　谷子（20121500386）

3.28 小麦

调查编号：20121500376　　　物种名称：小麦

收集时间：2012 年　　　　　收集地点：内蒙古巴彦淖尔市乌拉特前旗小佘太镇

主要特征特性：一级抗旱、优质。

图 3-28　小麦（20121500376）

3.29 小麦

调查编号：20121500292　　　物种名称：小麦

收集时间：2012 年　　　　　收集地点：内蒙古巴彦淖尔市乌拉特前旗小佘太镇

主要特征特性：有效穗数 4.5 个，主穗有效小穗数 21.1 个，株高 129cm，穗长 17.2cm，中熟，籽粒红色，千粒重 40g。该品种产量高、优质，整齐度好，抗旱性强，一级抗旱。直接用于生产，亦可作为育种材料利用。

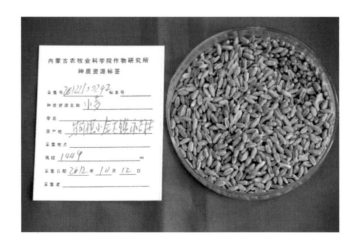

图 3-29　小麦（20121500292）

3.30 赤麦 5 号

调查编号：2013150055　　　　　物种名称：小麦

收集时间：2013 年　　　　　　　收集地点：内蒙古赤峰市克什克腾旗同兴镇

主要特征特性：全生育期 115d，有效穗数 3.2 个，主穗有效小穗数 19.2 个，株高 122cm，主穗长 11.2cm，籽粒红色，硬粒，单穗粒重 2g，蛋白质含量 15.22%。优异性状及利用价值：该品种品质好，籽粒饱满，光泽度好，面筋含量高，抗旱性强，一级抗旱，耐贫瘠。可直接用于生产，也可作为抗旱性及品质育种的基础材料。

图 3-30　赤麦 5 号（2013150055）

3.31 小红麦

调查编号：20121500274　　　　物种名称：小麦

收集时间：2012 年　　　　　　　收集地点：内蒙古呼和浩特市武川县东土城乡

主要特征特性：籽粒饱满，品质好，面筋含量高，粉质好，不抗旱。可直接用于生产，也可作为品质育种的基础材料。

图 3-31　小红麦（20121500274）

3.32 大麦

调查编号：2013150011　　　　物种名称：大麦

收集时间：2013 年　　　　　　收集地点：内蒙古鄂尔多斯市鄂托克前旗城川镇

主要特征特性：抗旱，耐贫瘠，全生育期98d，籽粒大小中等，籽粒饱满，可食用和饲用。可直接用于生产，也可作为品质及抗旱育种的亲本材料。

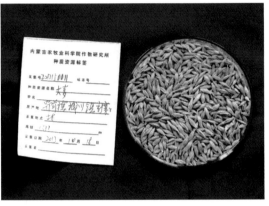

图 3-32　大麦（2013150011）

3.33 莜麦

调查编号：20121500270　　　　物种名称：燕麦

收集时间：2012 年　　　　　　收集地点：内蒙古呼和浩特市武川县东土城乡

主要特征特性：全生育期85d，株高95cm，主穗长15.2cm，整齐，结实率85%，籽粒白色，单株粒重15.1g。很受农民认可，抗倒伏，一级抗旱，品质优，面粉品质好。可直接用于生产，或作为抗性育种的基础材料。

图 3-33　莜麦（20121500270）

3.34 莜麦

调查编号：20121500333　　　　物种名称：燕麦

收集时间：2012 年　　　　收集地点：内蒙古呼和浩特市武川县东土城乡

主要特征特性：全生育期 82d，株高 100cm，主穗长 20.5cm，单株有效分蘖数 4.5，整齐，结实率 89%，籽粒黑色，单株粒重 16.1g。是当地主推品种之一，一级抗旱，品质优，耐贫瘠。直接用于生产，或作为品质育种的基础材料。

图 3-34　莜麦（20121500333）

3.35 赤燕 5

调查编号：2013150077　　　　物种名称：燕麦

收集时间：2013 年　　　　收集地点：内蒙古赤峰市克什克腾旗同兴镇

主要特征特性：是当地主推品种之一，全生育期 87d，株高 118cm，主穗长 18.5cm，整齐度好，结实率 92%，籽粒白色，单株粒重 15.8g。一级抗旱，耐贫瘠，在当地很受欢迎。可直接用于生产，或作为抗旱性育种的基础材料。

图 3-35　赤燕 5（2013150077）

3.36 黑荞麦

调查编号：20131500176　　　　物种名称：荞麦

收集时间：2013 年　　　　　　收集地点：内蒙古鄂尔多斯市鄂托克前旗城川镇

主要特征特性：甜荞，在当地有上百年的种植历史，全生育期 87d，株高 63cm，主茎节数 13，籽粒黑色，单株粒数 224 粒，单株粒重 4.3g，千粒重 19g。品质好，抗旱、抗寒、耐贫瘠，籽粒饱满，结实率高。

图 3-36　黑荞麦（20131500176）

3.37 黔威苦荞

调查编号：20121500259　　　　物种名称：荞麦

收集时间：2012 年　　　　　　收集地点：内蒙古呼和浩特市武川县东土城乡

主要特征特性：苦荞，籽粒饱满，结实率高，适应性广，抗旱，抗寒，品质优。可直接应用于生产，籽粒可磨面粉或做苦荞茶，有降压、降糖等保健功效。

图 3-37　黔威苦荞（20121500259）

3.38 荞麦

调查编号：20121500389　　　　物种名称：荞麦

收集时间：2012 年　　　　　　收集地点：内蒙古巴彦淖尔市乌拉特前旗小佘太镇

主要特征特性：甜荞，在当地种植多年，高产稳产、品质优良，抗病性强，耐贫瘠，籽粒较大，籽粒可磨面粉。可直接应用于生产，也可作为抗病育种的基础材料。

图 3-38　荞麦（20121500389）

3.39 小粒赤峰荞麦

调查编号：20121500282　　　　物种名称：荞麦

收集时间：2012 年　　　　　　收集地点：内蒙古呼和浩特市武川县东土城乡

主要特征特性：甜荞，在当地种植多年，全生育期 86d，株高 77cm，主茎节数 16.2，籽粒褐色，单株粒数 89 粒，单株粒重 2.9g，千粒重 31g。产量高，品质优，耐贫瘠，籽粒可磨面粉，面条筋度高。可直接应用于生产或作为品质育种的基础材料。

图 3-39　小粒赤峰荞麦（20121500282）

3.40 扫帚高粱

调查编号：2013150067　　　　物种名称：高粱

收集时间：2013 年　　　　　　收集地点：内蒙古赤峰市克什克腾旗同兴镇

主要特征特性：穗子较大，韧性好，结实率高，产量高，品质好，抗旱，耐瘠薄。适宜加工做扫帚，籽粒可加工面粉或用于酿造工业。

图 3-40　扫帚高粱（2013150067）

3.41 高粱

调查编号：2013150005　　　　物种名称：高粱

收集时间：2013 年　　　　　　收集地点：内蒙古阿拉善盟额济纳旗巴彦陶来苏木

主要特征特性：全生育期 95d，单株成穗数 1 个，株高 345cm，茎粗 1.7cm，主穗长 50cm，主穗柄直径 0.8cm，单穗粒重 69g，千粒重 34g。穗子较大，结实率高，产量高，品质好，耐盐碱，适应性广。可直接用于生产，籽粒可加工成面粉或用于酿造工业。

图 3-41　高粱（2013150005）

3.42 高粱

调查编号：2012150097　　　　物种名称：高粱
收集时间：2012 年　　　　　　收集地点：内蒙古巴彦淖尔市乌拉特前旗
主要特征特性：全生育期 140d。结实率高，抗旱，适应性广。可直接用于生产，籽粒可加工面粉或用于酿造工业。

图 3-42　高粱（2012150097）

3.43 糯玉米

调查编号：2013150014　　　　物种名称：玉米
收集时间：2013 年　　　　　　收集地点：内蒙古鄂尔多斯市鄂托克前旗城川镇
主要特征特性：作青食玉米。糯性好，品质好，口感好，味香。

图 3-43　糯玉米（2013150014）

3.44 黑玉米

调查编号：2013150127　　　　物种名称：玉米

收集时间：2013 年　　　　　　收集地点：内蒙古鄂尔多斯市准格尔旗薛家湾镇

主要特征特性：糯质型品种。作青食玉米，籽粒软、香、味道好，抗旱，品质好。秸秆可作饲料，用于抗旱育种的基础材料。

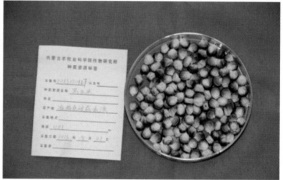

图 3-44　黑玉米（2013150127）

3.45 红玉米

调查编号：2013150128　　　　物种名称：玉米

收集时间：2013 年　　　　　　收集地点：内蒙古鄂尔多斯市准格尔旗薛家湾镇

主要特征特性：株高 220cm，穗长 18.3cm，穗粗 5.1cm，穗柱形，粒型中间型，粒色红，穗行数 12.6 行，产量 735.5kg/ 亩[①]，出籽率 83.1%，硬粒型品种。抗旱，耐贫瘠，抗病虫，产量高，果穗较大。作饲料。

图 3-45　红玉米（2013150128）

---

① 1 亩≈ 666.7m²

3.46 小黑豆

调查编号：20121500325　　　　　物种名称：大豆

收集时间：2012 年　　　　　　　收集地点：内蒙古呼和浩特市清水河县宏河镇

主要特征特性：种子坚硬，种皮薄而脆，子叶黄绿色或淡黄色，开花期 7 月下旬至 8 月初，茎枝数 6 个，实荚数 152 个，种皮黑色，百粒重 10g，单株粒重 20g。黑豆具有高蛋白、低热量的特性，民间多称小黑豆和马科豆，素有豆中之王的美称。黑豆富含对人体有益的氨基酸、不饱和脂肪酸及钙、磷等多种微量元素，具有防老抗衰、药食俱佳的功效。抗旱性强，一级抗旱。可直接用于生产或抗旱育种材料。

图 3-46　小黑豆（20121500325）

3.47 大豆

调查编号：20121500316　　　　　物种名称：大豆

收集时间：2012 年　　　　　　　收集地点：内蒙古呼和浩特市清水河县宏河镇

主要特征特性：优质、丰产，抗旱性强，一级抗旱。常用来做各种豆制品、榨取豆油、酿造酱油和提取蛋白质。豆渣或磨成粗粉的大豆也常用于禽畜饲料。直接用于生产，亦可作为丰产或抗旱育种材料。

图 3-47　大豆（20121500316）

3.48 羊眼睛豆

调查编号：20121500405　　　　物种名称：大豆

收集时间：2012 年　　　　　　收集地点：内蒙古巴彦淖尔市乌拉特前旗明安镇

主要特征特性：优质，耐贫瘠，一级抗旱。可直接用于生产或作为抗性育种材料。

图 3-48　羊眼睛豆（20121500405）

3.49 绿贡豆

调查编号：20121500428　　　　物种名称：大豆

收集时间：2012 年　　　　　　收集地点：内蒙古巴彦淖尔市乌拉特前旗明安镇

主要特征特性：又名"双青豆"，外观青绿，圆籽粒比普通大豆小，色泽青绿、碧如翡翠，真种皮、果实全为绿色，优质蛋白含量丰富，可溶性蛋白含量高，脂肪含量均衡，抗旱、适应性广。直接用于生产，药食兼备，可煮熟食用，亦可生成豆芽或加工成豆制副食品。

图 3-49　绿贡豆（20121500428）

3.50 菜豆-4

调查编号：2012150075　　　　　物种名称：普通菜豆

收集时间：2012 年　　　　　　　收集地点：内蒙古巴彦淖尔市乌拉特前旗白彦花镇

主要特征特性：又称四季豆，喜温暖，不耐霜冻，对土质的要求不严格，但适宜生长在土层深厚、排水良好、有机质丰富的中性壤土中，菜豆在整个生长期间要求湿润状态。该品种优质、高产、抗旱性强，一级抗旱。可直接用于生产或育种材料。

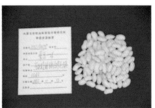

图 3-50　菜豆-4（2012150075）

3.51 菜豆-9

调查编号：2012150080　　　　　物种名称：普通菜豆

收集时间：2012 年　　　　　　　收集地点：内蒙古巴彦淖尔市乌拉特前旗白彦花镇

主要特征特性：属蔓生型的普通菜豆，高产，优质，二级抗旱。属软荚质、长荚型优质菜用品种，产量高，口感佳。可直接用于生产。

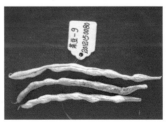

图 3-51　菜豆-9（2012150080）

3.52 豆角

调查编号：2013150033　　　　物种名称：普通菜豆

收集时间：2013 年　　　　　　收集地点：内蒙古鄂尔多斯市鄂托克前旗城川镇

主要特征特性：品质好，抗旱，种子皮薄，适于煮饭或做豆沙，亦可菜用。可直接用于生产。

图 3-52　豆角（2013150033）

3.53 菜豆

调查编号：2013150022　　　　物种名称：普通菜豆

收集时间：2013 年　　　　　　收集地点：内蒙古鄂尔多斯市鄂托克前旗城川镇

主要特征特性：优质、丰产，开花期 6 月，花红色，蔓生，株高 240cm，茎枝数 1 个，实荚数 17 个，荚长 30cm，单荚粒数 7.8，种皮花色，百粒重 42g。适于煮食或做豆沙，籽粒较大，外观品质优异，在当地备受欢迎。可直接用于生产或作为丰产型育种材料。

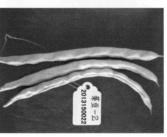

图 3-53　菜豆（2013150022）

3.54 豌豆

调查编号：2012150087　　　　物种名称：豌豆

收集时间：2012 年　　　　　　收集地点：内蒙古巴彦淖尔市乌拉特前旗小佘太镇

主要特征特性：优质、丰产型品种。豌豆的营养价值较高，籽粒可煮饭，籽粒和秸秆蛋白质含量较高，适口性好，是家畜优良精饲料，可作家畜日粮中的蛋白质补充料，麦茬后复种豌豆，可增产青饲料。直接用于生产或作为丰产型育种材料。

 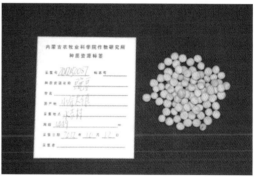

图 3-54　豌豆（2012150087）

3.55 野生绿豌豆

调查编号：20121500258　　　　物种名称：苕子

收集时间：2012 年　　　　　　收集地点：内蒙古呼和浩特市武川县东土城乡

主要特征特性：优质，抗旱，抗寒。为牧草，亦用于蔬菜。种子含油。叶及花果药用有清热、消炎解毒之效。植株秀美、花色艳丽，可作观赏花卉。可作为育种材料或直接用于生产。

图 3-55　野生绿豌豆（20121500258）

3.56 绿豌豆

调查编号：20121500262　　　　物种名称：豌豆

收集时间：2012 年　　　　　　收集地点：内蒙古呼和浩特市武川县东土城乡

主要特征特性：优质，种子及嫩荚、嫩苗均可食用，因豌豆豆粒圆润鲜绿，十分好看，也常被用米配菜，以增加菜肴的色彩。直接用于生产。

图 3-56　绿豌豆（20121500262）

3.57 三棱豌豆

调查编号：20121500263　　　　物种名称：山黧豆

收集时间：2012 年　　　　　　收集地点：内蒙古呼和浩特市武川县东土城乡

主要特征特性：优质、抗旱、抗寒。直接用于生产。

图 3-57　三棱豌豆（20121500263）

3.58 野生豌豆

调查编号：20121500264　　　　物种名称：苕子

收集时间：2012 年　　　　收集地点：内蒙古呼和浩特市武川县东土城乡

主要特征特性：花紫色，生长习性蔓生，株高 15cm，茎枝数 4 个，实荚数 32 个，单荚粒 2.7 粒，单株粒重 14.3g。抗性强、优质。可直接用于生产或育种材料。

图 3-58　野生豌豆（20121500264）

3.59 灰豌豆

调查编号：20121500287　　　　物种名称：豌豆

收集时间：2012 年　　　　收集地点：内蒙古巴彦淖尔市乌拉特前旗小佘太镇

主要特征特性：开花期 6 月中旬，花紫色，蔓生，百粒重 11.5g。优质、丰产型品种，营养价值较高，籽粒可煮饭，籽粒和秸秆蛋白质含量较高，适口性好，是家畜优良精饲料，可作家畜日粮中的蛋白质补充料，麦茬后复种豌豆，可增产青饲料。可直接用于生产或作为丰产型育种材料。

图 3-59　灰豌豆（20121500287）

3.60 白三棱豌豆

调查编号：20121500265　　　　物种名称：山黧豆

收集时间：2012 年　　　　　　收集地点：内蒙古呼和浩特市武川县东土城乡

主要特征特性：开花期 6 月中旬，花白色，蔓生，种皮白色，百粒重 13g。属于优质、丰产型品种。

图 3-60　白三棱豌豆（20121500265）

3.61 草豌豆

调查编号：20121500257　　　　物种名称：葫芦巴

收集时间：2012 年　　　　　　收集地点：内蒙古呼和浩特市武川县东土城乡

主要特征特性：抗旱、耐贫瘠，对土壤要求不严，在排水良好的沙壤至黏土上均能生长，但耐湿性差。每公顷可收鲜草 10~23t，其茎叶水分含量为 70% 左右，可青饲、放牧、青贮，各种家畜均喜食，种子蛋白质含量高。是优质饲草。

图 3-61　草豌豆（20121500257）

3.62 小红豆

调查编号：20121500398　　　物种名称：小豆

收集时间：2012 年　　　　　收集地点：内蒙古鄂尔多斯市准格尔旗沙圪堵镇

主要特征特性：全生育期 80d，花黄色，矮生型小豆品种，株高 43cm，种皮红色，百粒重 19g。抗旱、优质。种子供食用，入药有行血补血、健脾去湿、利水消肿之效。

图 3-62　小红豆（20121500398）

3.63 红豇豆

调查编号：2012150012　　　物种名称：豇豆

收集时间：2012 年　　　　　收集地点：内蒙古鄂尔多斯市准格尔旗薛家湾镇

主要特征特性：全生育期 120d，花黄色，株高 80cm，茎枝数 3 个，实荚数 9 个，荚长 12cm，单荚粒数 10，种皮红色，百粒重 20.1g。一级抗旱、高产、耐盐碱，主茎 4~8 节后以花芽封顶，收获期短而集中，品质佳，结荚多，每荚含种子 10 粒左右，种皮淡红色，宜用于腌制甜品或煮饭。

图 3-63　红豇豆（2012150012）

3.64 红豇豆

调查编号：2012150059　　　　物种名称：豇豆

收集时间：2012 年　　　　收集地点：内蒙古鄂尔多斯市准格尔旗

主要特征特性：全生育期 115d，株高 85cm，荚长 12cm，单荚粒 11 粒，种皮红色，百粒重 23g。二级抗旱，优质，高产。可直接用于生产。

图 3-64　红豇豆（2012150059）

3.65 豇豆

调查编号：2012150056　　　　物种名称：豇豆

收集时间：2012 年　　　　收集地点：内蒙古鄂尔多斯市准格尔旗沙圪堵镇

主要特征特性：全生育期 110d，株高 75cm，种皮白色，百粒重 24g。抗旱，优质，高产。可直接用于生产。

图 3-65　豇豆（2012150056）

3.66 绿豆

调查编号：20121500289　　　　物种名称：绿豆

收集时间：2012 年　　　　收集地点：内蒙古巴彦淖尔市乌拉特前旗小佘太镇

主要特征特性：全生育期 95d，是当地传统的绿豆品种，品质优良。具有良好的食用价值和药用价值，可作豆粥、豆饭、豆酒、豆粉、绿豆糕。

图 3-66　绿豆（20121500289）

3.67 绿豆

调查编号：20121500355　　　　物种名称：绿豆

收集时间：2012 年　　　　收集地点：内蒙古巴彦淖尔市乌拉特前旗小佘太镇

主要特征特性：全生育期 96d，株高 35cm，茎枝数 5 个，实荚数 29 个，荚长 14.3cm，单荚粒数 12.6，种皮绿色，千粒重 60g。一级抗旱、丰产、优质。

图 3-67　绿豆（20121500355）

3.68 绿豆

调查编号：2012150037　　　　物种名称：绿豆

收集时间：2012 年　　　　　　收集地点：内蒙古鄂尔多斯市达拉特旗马场壕乡

主要特征特性：优质、抗旱、耐盐碱、耐瘠薄。具有良好的食用价值和药用价值。

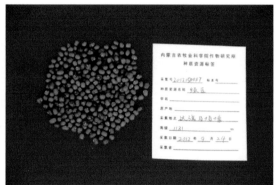

图 3-68　绿豆（2012150037）

3.69 绿豆

调查编号：20121500331　　　　物种名称：绿豆

收集时间：2012 年　　　　　　收集地点：内蒙古呼和浩特市清水河县宏河镇

主要特征特性：高产、优质。

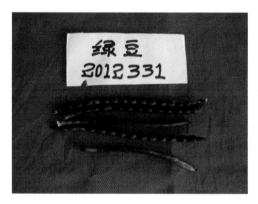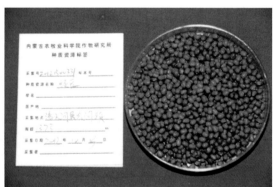

图 3-69　绿豆（20121500331）

3.70 蚕豆

调查编号：2013150111　　　　物种名称：蚕豆

收集时间：2013 年　　　　收集地点：内蒙古呼和浩特市清水河县宏河镇

主要特征特性：全生育期 85d，花白色，株高 56cm。优质、粒大，结荚部位低，不易裂荚。根系发达抗倒伏，喜水耐肥，适宜在气候较温暖、灌溉条件好的地区种植。最高亩产达 400~450kg。为粮食、蔬菜和饲料、绿肥兼用作物。

图 3-70　蚕豆（2013150111）

3.71 蚕豆

调查编号：2013150109　　　　物种名称：蚕豆

收集时间：2013 年　　　　收集地点：内蒙古赤峰市克什克腾旗同兴镇

主要特征特性：全生育期 95d，花白色，株高 75cm，百粒重 105g。优质、粒大，为粮食、蔬菜和饲料、绿肥兼用作物。

图 3-71　蚕豆（2013150109）

3.72 小扁豆

调查编号：20121500320　　　　物种名称：小扁豆

收集时间：2012 年　　　　　　收集地点：内蒙古呼和浩特市清水河县宏河镇

主要特征特性：全生育期 100d，花白色，株高 52cm，茎枝数 11 个，实荚数 25 个，荚长 5.2cm，单荚粒数 7.5，千粒重 11.2g。喜温暖干燥气候，耐旱性强而不耐湿，优质，是粮食和绿肥兼用作物。嫩叶、青荚、豆芽可作蔬菜。豆秸是优质饲料，也常于开花时翻入土中用作绿肥。

图 3-72　小扁豆（20121500320）

3.73 桃豆

调查编号：20121500412　　　　物种名称：鹰嘴豆

收集时间：2012 年　　　　　　收集地点：内蒙古巴彦淖尔市乌拉特前旗明安镇

主要特征特性：全生育期 90d，株高 55cm，茎枝数 4 个，实荚数 45 个，荚长 2.1cm，单荚粒数 1.8，千粒重 130g。优质、耐贫瘠，根系发达，主根入土深度可达 2m，有极耐旱的特点。可加工成豆乳粉，亦可煮食。籽粒可作医用。茎叶更是优良的饲料原料。

图 3-73　桃豆（20121500412）

3.74 苦豆子

调查编号：2013150120　　　　物种名称：苦豆子

收集时间：2013 年　　　　收集地点：内蒙古鄂尔多斯市鄂托克前旗城川镇

主要特征特性：苦豆子耐盐碱、耐瘠薄，适合生长于荒漠、半荒漠区内较潮湿的地段，苦豆子不仅是优良的固沙植物与可利用牧草，还是重要的药用植物资源，用途广泛，资源丰富，开发利用价值极高。

图 3-74　苦豆子（2013150120）

3.75 椭圆绿皮南瓜

调查编号：2012150071　　　　物种名称：南瓜

收集时间：2012 年　　　　收集地点：内蒙古鄂尔多斯市达拉特旗白泥井镇

主要特征特性：叶深绿色，叶面微皱，瓜形纺锤，老瓜皮色灰绿，单瓜重 879g，瓜形指数 1.22，是当地多年种植的地方品种，优质，抗旱，口感好。食用。

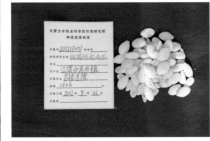

图 3-75　椭圆绿皮南瓜（2012150071）

3.76 籽瓜子

调查编号：2013150124　　　　物种名称：西瓜

收集时间：2013 年　　　　收集地点：内蒙古鄂尔多斯市准格尔旗薛家湾镇

主要特征特性：品质好、抗病性强。食用，籽粒可炒食。

图 3-76　籽瓜子（2013150124）

3.77 本地三白瓜

调查编号：2013150164　　　　物种名称：西瓜

收集时间：2013 年　　　　收集地点：内蒙古鄂尔多斯市准格尔旗薛家湾镇

主要特征特性：白瓜、白瓤、白籽，品质好、抗病、抗旱、耐瘠薄。食用、籽粒可炒食。

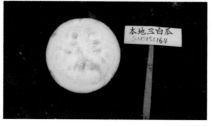

图 3-77　本地三白瓜（2013150164）

3.78 南瓜

调查编号：2013150175　　　　物种名称：南瓜

收集时间：2013 年　　　　　　收集地点：内蒙古呼和浩特市清水河县

主要特征特性：叶深绿色，叶面微皱，瓜形扁圆，老瓜皮色深绿，单瓜重 2.13kg，瓜长 18cm，瓜粗 24cm，瓜形指数 0.75，瓜肉厚 3.6cm。在当地多年种植，抗旱性强、品质好，菜用，籽粒纯白且饱满度好，籽粒可炒食，很受欢迎。

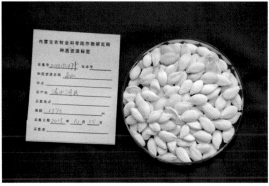

图 3-78　南瓜（2013150175）

3.79 芥菜

调查编号：20121500310　　　　物种名称：芥菜

收集时间：2012 年　　　　　　收集地点：内蒙古巴彦淖尔市乌拉特前旗小佘太镇

主要特征特性：在当地多年种植，品质好，产量高。菜用，很受欢迎。

图 3-79　芥菜（20121500310）

3.80 水萝卜

调查编号：20121500100　　　物种名称：萝卜
收集时间：2012 年　　　　　收集地点：内蒙古巴彦淖尔市乌拉特前旗
主要特征特性：在当地多年种植，品质好，产量高。菜用，很受欢迎。

图 3-80　水萝卜（20121500100）

3.81 白胡麻

调查编号：2013150075　　　物种名称：亚麻
收集时间：2013 年　　　　　收集地点：内蒙古赤峰市克什克腾旗同兴镇
主要特征特性：全生育期 111d，优质、抗旱、耐瘠薄，籽粒饱满，产量高。可作为品质和抗旱育种材料，种子可榨油，油质好。

图 3-81　白胡麻（2013150075）

3.82 胡麻

调查编号：20121500394　　　　物种名称：亚麻

收集时间：2012 年　　　　　　收集地点：内蒙古巴彦淖尔市乌拉特前旗小佘太镇

主要特征特性：全生育期 108d，株高 79cm。品种适应性广，籽粒饱满，产量高。可作为品质和抗旱育种材料，种子可榨油。

图 3-82　胡麻（20121500394）

3.83 三道眉葵花

调查编号：2013150165　　　　物种名称：向日葵

收集时间：2013 年　　　　　　收集地点：内蒙古鄂尔多斯市准格尔旗薛家湾镇

主要特征特性：优质，耐盐碱，适应性广。

图 3-83　三道眉葵花（2013150165）

3.84 向日葵

调查编号：20121500323　　　　物种名称：向日葵
收集时间：2012 年　　　　　　　收集地点：内蒙古呼和浩特市清水河县宏河镇
主要特征特性：全生育期135d，株高230cm，在当地种植多年，品质优，味香，籽粒饱满，产量高。炒食。

 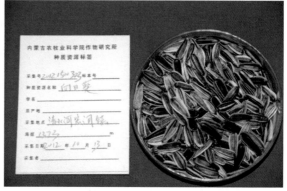

图 3-84　向日葵（20121500323）

3.85 大麻

调查编号：20121500417　　　　物种名称：大麻
收集时间：2012 年　　　　　　　收集地点：内蒙古巴彦淖尔市乌拉特前旗明安镇
主要特征特性：全生育期145d，株高210cm，分枝数 8，籽粒灰色，单株粒重 28g，千粒重 26g。在当地种植多年，籽粒饱满，产量高，品质优，味香。籽粒炒食或榨油。

图 3-85　大麻（20121500417）

3.86 油菜籽

调查编号：20121500321　　　　物种名称：油菜

收集时间：2012 年　　　　　　收集地点：内蒙古呼和浩特市清水河宏河镇

主要特征特性：全生育期 90d，在当地种植多年，品质优，含油率高，耐贫瘠，抗旱性强。可直接用于生产，种子榨油。

图 3-86　油菜籽（20121500321）

3.87 白芝麻

调查编号：2013150167　　　　物种名称：芝麻

收集时间：2013 年　　　　　　收集地点：内蒙古鄂尔多斯市准格尔旗薛家湾镇

主要特征特性：全生育期 90d，粒色白色，耐瘠薄，含油率高，早熟。种子榨芝麻油，叶片可作蔬菜。

图 3-87　白芝麻（2013150167）

3.88 法国 1 号蓖麻

调查编号：2013150044　　　物种名称：蓖麻

收集时间：2013 年　　　收集地点：内蒙古鄂尔多斯市鄂托克前旗

主要特征特性：含油率高，产量高。可直接用于生产，籽粒榨油。

图 3-88　法国 1 号蓖麻（2013150044）

第4章

宁夏回族自治区抗逆农作物种质资源多样性

4.1 老冬麦

调查编号：2011641015　　　　物种名称：小麦

收集时间：2011 年　　　　　　收集地点：宁夏吴忠市盐池县麻黄山乡

主要特征特性：穗短，芒长，穗形纺锤形；耐储藏（农民窑洞放了 20 多年），抗旱、耐瘠薄，农民评价好。

图 4-1　老冬麦（2011641015）

4.2 老冬麦

调查编号：2012641199　　　　物种名称：小麦

收集时间：2012 年　　　　　　收集地点：宁夏固原市西吉县田坪乡

主要特征特性：穗长，芒长，红粒，硬质；含有 *Rht8* 矮秆基因，是干旱区小麦抗旱、抗倒伏、稳产育种的重要基础材料。

图 4-2　老冬麦（2012641199）

4.3 红芒春麦

调查编号：2011641057　　　　物种名称：小麦

收集时间：2011 年　　　　　　收集地点：宁夏吴忠市同心县张家塬乡

主要特征特性：穗长，芒短，红芒红壳；抗旱、耐瘠薄，当地农民认可，一直留种。

图 4-3　红芒春麦（2011641057）

4.4 红芒春麦

调查编号：2011641088　　　　物种名称：**小麦**

收集时间：**2011 年**　　　　　　收集地点：**宁夏吴忠市同心县张家塬乡**

主要特征特性：穗细长，芒短；抗倒伏，含有 *Rht8* 矮秆基因，是干旱区小麦抗旱、抗倒伏、稳产育种的重要基础材料。

图 4-4　红芒春麦（**2011641088**）

4.5 红芒春麦

调查编号：2012641218　　　　物种名称：**小麦**

收集时间：**2012 年**　　　　　　收集地点：**宁夏中卫市海原县关庄乡**

主要特征特性：株高 110cm，穗短，芒长，红粒硬质；抗旱、耐瘠薄，当地农民认可，一直留种。

图 4-5　红芒春麦（**2012641218**）

4.6 红芒春麦

调查编号：2012641242　　　　物种名称：小麦

收集时间：2012 年　　　　　　收集地点：宁夏中卫市海原县关桥乡

主要特征特性：穗细长，短芒，红芒红壳，红粒硬质；鉴定为弱冬性品种，其生育过程中需较长时间低温春化方可开化，较抗旱材料。

图 4-6　红芒春麦（2012641242）

4.7 红芒小麦

调查编号：2011641095　　　　物种名称：小麦

收集时间：2011 年　　　　　　收集地点：宁夏吴忠市同心县窑山乡

主要特征特性：穗长，芒短，红芒红壳；含有 *Rht8* 矮秆基因，是干旱区小麦抗旱、抗倒伏、稳产育种的重要基础材料。

图 4-7　红芒小麦（2011641095）

4.8 小熟麦

调查编号：2012641182　　　　物种名称：小麦

收集时间：2012 年　　　　　　收集地点：宁夏固原市西吉县田坪乡

主要特征特性：穗长，短芒，成熟时易落粒；抗旱性强，农民认为其面粉好吃，一直保留。

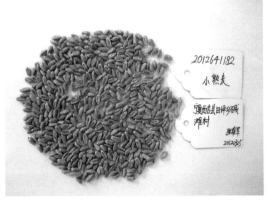

图 4-8　小熟麦（2012641182）

4.9 白麦

调查编号：2012641204　　　　物种名称：小麦

收集时间：2012 年　　　　　　收集地点：宁夏固原市西吉县新营乡

主要特征特性：穗形纺锤，长芒，籽粒椭圆，红粒硬质；较抗旱、抗倒伏、稳产型品种。

图 4-9　白麦（2012641204）

4.10 红芒麦

调查编号：2012641224　　　　物种名称：小麦

收集时间：2012 年　　　　　　收集地点：宁夏中卫市海原县关庄乡

主要特征特性：穗细长，芒长，红粒硬质；含有 *Rht8* 矮秆基因，是干旱区小麦抗旱、抗倒伏、稳产育种的重要基础材料。

图 4-10　红芒麦（2012641224）

4.11 红芒麦

调查编号：2014641479　　　　物种名称：小麦

收集时间：2014 年　　　　　　收集地点：宁夏固原市原州区河川乡

主要特征特性：穗细长，短芒，红芒红壳，籽粒长椭圆形；抗旱、耐瘠薄，抗旱性鉴定评价为一级。

图 4-11　红芒麦（2014641479）

4.12 老红芒麦

调查编号：2013641315　　　　物种名称：小麦
收集时间：2013 年　　　　　　收集地点：宁夏中卫市海原县树台乡
主要特征特性：穗长，短芒，红芒红壳，籽粒椭圆形；抗旱、耐瘠薄。

图 4-12　老红芒麦（2013641315）

4.13 小玉米

调查编号：2011641055　　　　物种名称：玉米
收集时间：2011 年　　　　　　收集地点：宁夏吴忠市同心县张家塬乡
主要特征特性：株高 180cm，穗位高 86cm，株型半紧凑，穗形圆锥；抗旱、抗病，农民认可，一直保留，抗旱性鉴定评价为三级。

图 4-13　小玉米（2011641055）

4.14 小玉米

调查编号：2012641160　　　　　物种名称：玉米

收集时间：2012 年　　　　　　　收集地点：宁夏固原市西吉县王民乡

主要特征特性：株高 189cm，穗位高 95cm，株型半紧凑，穗形圆锥；抗旱，抗旱性鉴定评价为三级。

图 4-14　小玉米（2012641160）

4.15 白玉米

调查编号：2012641135　　　　　物种名称：玉米

收集时间：2012 年　　　　　　　收集地点：宁夏固原市彭阳县草庙乡

主要特征特性：株高 207cm，穗位高 105cm，株型紧凑，穗形圆锥；抗旱、高产，农民认可，一直保留，抗旱性鉴定评价为三级。

 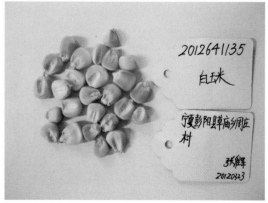

图 4-15　白玉米（2012641135）

4.16 玉米

调查编号：2012641156　　　　物种名称：玉米
收集时间：2012 年　　　　　　收集地点：宁夏固原市西吉县王民乡
主要特征特性：株高 203cm，穗位高 95cm，株型半紧凑，穗形圆锥；抗旱、广适，当地农民普遍认可。

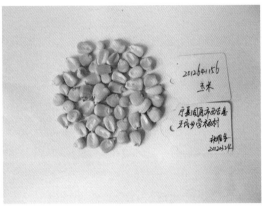

图 4-16　玉米（2012641156）

4.17 紫玉米

调查编号：2013641293　　　　物种名称：玉米
收集时间：2013 年　　　　　　收集地点：宁夏固原市西吉县王民乡
主要特征特性：株高 168cm，穗位高 77cm，株型半紧凑，穗形圆锥；早熟、抗旱、广适，当地农民普遍认可，抗旱性鉴定为二级。

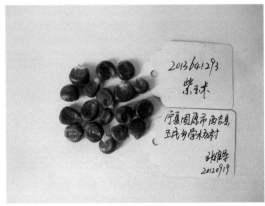

图 4-17　紫玉米（2013641293）

4.18 火玉米

调查编号：2013641388　　　　物种名称：玉米

收集时间：2013 年　　　　　　收集地点：宁夏固原市泾源县大湾乡

主要特征特性：株高 170cm，穗位高 73cm，穗形圆锥；抗倒伏、耐旱、耐寒，抗旱性鉴定为三级。

图 4-18　火玉米（2013641388）

4.19 火玉米

调查编号：2013641449　　　　物种名称：玉米

收集时间：2013 年　　　　　　收集地点：宁夏固原市西吉县将台堡镇

主要特征特性：株高 201cm，穗位高 84cm，株型半紧凑；耐旱、耐寒，旱涝保收，适口性好，当地农民喜欢种植，宁夏干旱区，尤其是固原地区农民有种植火玉米的习惯；抗旱性鉴定为一级。

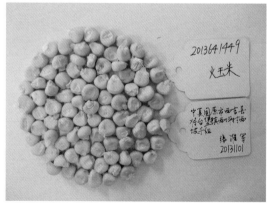

图 4-19　火玉米（2013641449）

4.20 火玉米

调查编号：2014641496　　　　　物种名称：玉米

收集时间：2014 年　　　　　　　收集地点：宁夏固原市原州区官厅乡

主要特征特性：株高 190m，穗位高 90cm，株型松散，穗形圆锥；早熟、抗旱、广适，抗旱性鉴定评价为二级。

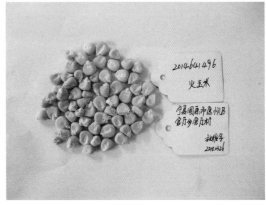

图 4-20　火玉米（2014641496）

4.21 白小玉米

调查编号：2013641394　　　　　物种名称：玉米

收集时间：2013 年　　　　　　　收集地点：宁夏固原市泾源县大湾乡何堡村

主要特征特性：株高 174cm，穗位高 75cm；耐旱、耐寒，抗旱性鉴定为一级。

图 4-21　白小玉米（2013641394）

4.22 红谷子

调查编号：2011641036　　　　物种名称：谷子

收集时间：2011 年　　　　　　收集地点：宁夏吴忠市同心县下马关镇

主要特征特性：中熟型品种，株高 150cm，穗长 17cm；可供酿酒用、广适，当地农民普遍认可，抗旱性鉴定评价为四级。

图 4-22　红谷子（2011641036）

4.23 红谷子

调查编号：2013641366　　　　物种名称：谷子

收集时间：2013 年　　　　　　收集地点：宁夏吴忠市盐池县惠安堡镇

主要特征特性：早熟型品种，株高 105cm，穗长 19cm；多用于饲料，抗旱性鉴定评价为三级。

图 4-23　红谷子（2013641366）

4.24 草谷子

调查编号：2011641054　　　　物种名称：谷子

收集时间：2011 年　　　　　　收集地点：宁夏吴忠市同心县张家塬乡

主要特征特性：中熟型品种，株高 148cm，穗长 20cm；农民多用作饲料，抗旱性鉴定评价为一级，耐盐性鉴定评价为全生育期耐盐。

图 4-24　草谷子（2011641054）

4.25 白谷子

调查编号：2011641058　　　　物种名称：谷子

收集时间：2011 年　　　　　　收集地点：宁夏吴忠市同心县张家塬乡

主要特征特性：中熟型品种，株高 151cm，穗长 28cm，可用于小米熬粥；抗旱性鉴定评价为一级。

图 4-25　白谷子（2011641058）

4.26 白谷子

调查编号：2012641103　　　　物种名称：谷子

收集时间：2012 年　　　　　　收集地点：宁夏固原市彭阳县古城镇

主要特征特性：中熟型品种，株高 146cm，穗长 18cm；可用于小米熬粥，多用于饲料，抗旱性鉴定为四级。

图 4-26　白谷子（2012641103）

4.27 米谷

调查编号：2012641144　　　　物种名称：谷子

收集时间：2012 年　　　　　　收集地点：宁夏固原市彭阳县罗洼乡

主要特征特性：中熟型品种，株高 147cm，穗长 23cm；广适，多用于小米熬粥，抗旱性鉴定评价为一级。

图 4-27　米谷（2012641144）

4.28 黄谷子

调查编号：2012641220　　　　物种名称：谷子

收集时间：2012 年　　　　　　收集地点：宁夏中卫市海原县关庄乡

主要特征特性：中熟型品种，株高 163cm，穗长 30cm；广适，多用于饲料，抗旱性鉴定为二级。

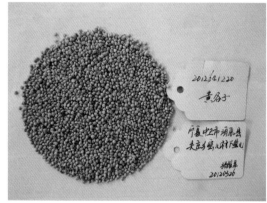

图 4-28　黄谷子（2012641220）

4.29 谷子

调查编号：2012641149　　　　物种名称：谷子

收集时间：2012 年　　　　　　收集地点：宁夏固原市西吉县王民乡

主要特征特性：中熟型品种，株高 163cm，穗长 28cm；广适，抗旱性鉴定评价为二级。

图 4-29　谷子（2012641149）

4.30 谷子

调查编号：2012641183　　　　物种名称：谷子
收集时间：2012 年　　　　　　收集地点：宁夏固原市西吉县田坪乡
主要特征特性：中熟型品种，株高 158cm，穗长 30cm；广适，多用于饲料，农民认可，抗旱性鉴定评价为二级。

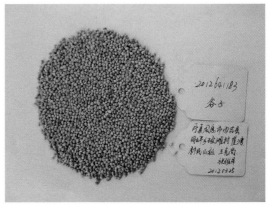

图 4-30　谷子（2012641183）

4.31 谷子

调查编号：2012641229　　　　物种名称：谷子
收集时间：2012 年　　　　　　收集地点：宁夏中卫市海原县海城镇
主要特征特性：早熟型品种，株高 146cm，穗长 25cm；广适，抗旱性鉴定评价为三级。

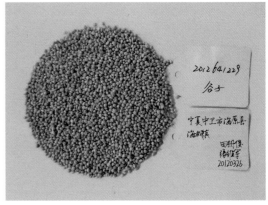

图 4-31　谷子（2012641229）

4.32 谷子

调查编号：2012641240　　　　物种名称：谷子

收集时间：2012 年　　　　　　收集地点：宁夏中卫市海原县关桥乡

主要特征特性：早熟型品种，株高 163cm，穗长 28cm；广适，多用于饲料，农民认可，抗旱性鉴定评价为二级。

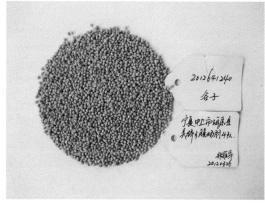

图 4-32　谷子（2012641240）

4.33 谷子

调查编号：2013641370　　　　物种名称：谷子

收集时间：2013 年　　　　　　收集地点：宁夏吴忠市盐池县惠安堡镇

主要特征特性：早熟型品种，株高 118cm，穗长 20cm；多用于饲料，供酿酒用，营养丰富。抗旱性鉴定为三级。

图 4-33　谷子（2013641370）

4.34 谷子

调查编号：2013641446　　　　物种名称：谷子

收集时间：2013 年　　　　　　收集地点：宁夏固原市西吉县王民乡

主要特征特性：早熟型品种，株高 109cm，穗长 23cm；广适，多用于饲料，抗旱性鉴定评价为二级。

 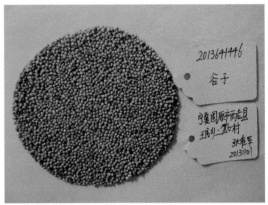

图 4-34　谷子（2013641446）

4.35 谷子

调查编号：2014641491　　　　物种名称：谷子

收集时间：2014 年　　　　　　收集地点：宁夏固原市原州区寨科乡

主要特征特性：中熟型品种，株高 125cm，穗长 25cm；广适，多用于饲料，抗旱性鉴定评价为二级。

图 4-35　谷子（2014641491）

4.36 软糜子

调查编号：2011641022　　　　物种名称：黍

收集时间：2011 年　　　　　　收集地点：宁夏吴忠市盐池县麻黄山乡

主要特征特性：中熟型品种，散穗；广适，农民认为可做糜面馍馍，香甜可口，抗旱性鉴定评价为一级。

图 4-36　软糜子（2011641022）

4.37 黑糜子

调查编号：2011641033　　　　物种名称：黍

收集时间：2011 年　　　　　　收集地点：宁夏吴忠市同心县下马关镇

主要特征特性：中熟型品种，密穗；广适，可作为小米食用，抗旱性鉴定为三级。耐盐性鉴定为全生育期耐盐材料。

图 4-37　黑糜子（2011641033）

4.38 黑糜子

调查编号：2011641097　　　　物种名称：黍
收集时间：2011 年　　　　　　收集地点：宁夏吴忠市同心县窑山乡
主要特征特性：中熟型品种，密穗；广适，抗病，抗旱性鉴定评价为一级。

图 4-38　黑糜子（2011641097）

4.39 黑糜子

调查编号：2013641369　　　　物种名称：黍
收集时间：2013 年　　　　　　收集地点：宁夏吴忠市盐池县惠安堡镇
主要特征特性：中熟型品种，株高 118cm，穗长 31cm，密穗；广适，抗倒伏、抗病，产量高，多用于饲料，农民认可；抗旱性鉴定评价为三级。

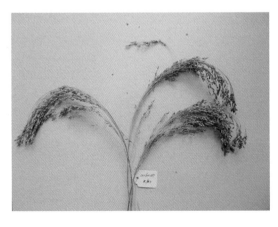 

图 4-39　黑糜子（2013641369）

4.40 老黑糜子

调查编号：2012641141　　　　物种名称：黍

收集时间：2012 年　　　　　　收集地点：宁夏固原市彭阳县王洼镇

主要特征特性：早熟型品种，散穗；抗病、抗旱，农民认可，一直种植，抗旱性鉴定评价为二级。

 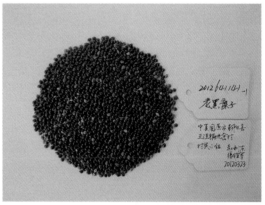

图 4-40　老黑糜子（2012641141）

4.41 黄糜子

调查编号：2012641148　　　　物种名称：黍

收集时间：2012 年　　　　　　收集地点：宁夏固原市西吉县王民乡

主要特征特性：早熟型品种，侧穗；广适，抗病、抗倒伏、抗旱，抗旱性鉴定评价为一级。

图 4-41　黄糜子（2012641148）

4.42 山北糜子

调查编号：2012641166 物种名称：黍

收集时间：2012 年 收集地点：宁夏固原市西吉县王民乡

主要特征特性：中熟型品种，密穗；抗旱材料；抗旱性鉴定评价为三级，耐盐性鉴定评价为全生育期耐盐材料。

图 4-42 山北糜子（2012641166）

4.43 糜子

调查编号：2013641302 物种名称：黍

收集时间：2013 年 收集地点：宁夏中卫市海原县西安镇

主要特征特性：中熟型品种，密穗；广适，抗病、抗倒伏、抗旱，抗旱性鉴定评价为三级。

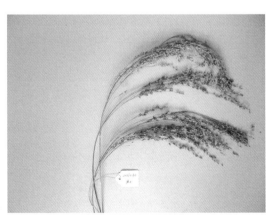 

图 4-43 糜子（2013641302）

4.44 糜子

调查编号：2013641309　　　　物种名称：黍

收集时间：2013 年　　　　　　收集地点：宁夏中卫市海原县树台乡

主要特征特性：早熟型品种，密穗；广适，抗病、抗倒伏、抗旱，多用于小米熬粥，抗旱性鉴定评价为四级。

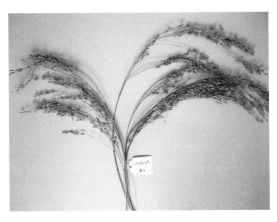 

图 4-44　糜子（2013641309）

4.45 糜子

调查编号：2013641314　　　　物种名称：黍

收集时间：2013 年　　　　　　收集地点：宁夏中卫市海原县树台乡

主要特征特性：早熟型品种，密穗；广适，抗倒伏、抗旱，多当作小米熬粥，抗旱性鉴定评价为四级。

图 4-44　糜子（2013641314）

4.46 糜子

调查编号：2013641326　　　　物种名称：黍

收集时间：2013 年　　　　收集地点：宁夏固原市西吉县震湖乡

主要特征特性：早熟型品种；抗倒伏，农民多当作小米，粥香可口，抗旱性鉴定评价为三级。

图 4-46　糜子（2013641326）

4.47 糜子

调查编号：2013641349　　　　物种名称：黍

收集时间：2013 年　　　　收集地点：宁夏固原市西吉县田坪乡

主要特征特性：早熟型品种，密穗；广适，抗倒伏、耐瘠薄，抗旱性鉴定评价为三级。

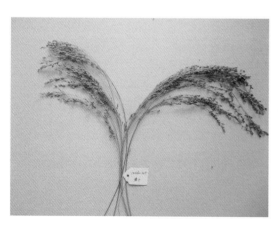 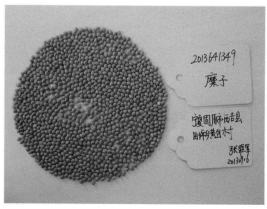

图 4-47　糜子（2013641349）

4.48 糜子

调查编号：2013641361　　　　　物种名称：黍

收集时间：2013 年　　　　　　　收集地点：宁夏吴忠市同心县窑山乡

主要特征特性：中熟型品种，株高 122cm，穗长 25cm，密穗；广适，抗旱、抗倒伏，抗旱性鉴定评价为三级。

图 4-48　糜子（2013641361）

4.49 红糜子

调查编号：2013641437　　　　　物种名称：黍

收集时间：2013 年　　　　　　　收集地点：宁夏固原市西吉县兴隆镇

主要特征特性：中熟型品种，株高 115cm，穗长 25cm，密穗；广适，抗倒伏、抗病，多用于小米做粥，抗旱性鉴定评价为二级。

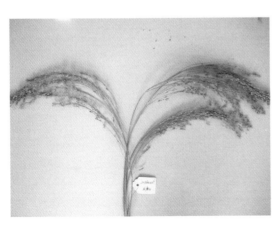 

图 4-49　红糜子（2013641437）

4.50 红糜子

调查编号：2014641483　　　　物种名称：黍

收集时间：2014 年　　　　　　收集地点：宁夏固原市原州区寨科乡

主要特征特性：中熟型品种，株高 110cm，穗长 25cm，密穗；广适，抗倒伏，多用于饲料，抗旱性鉴定评价为二级。

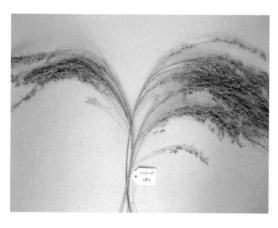

图 4-50　红糜子（2014641483）

4.51 红糜子

调查编号：2014641493　　　　物种名称：黍

收集时间：2014 年　　　　　　收集地点：宁夏固原市原州区寨科乡

主要特征特性：中熟型品种，株高 108cm，穗长 28cm，密穗；抗倒伏、抗旱、耐瘠薄，广适，多用于饲料，抗旱性鉴定评价为二级。

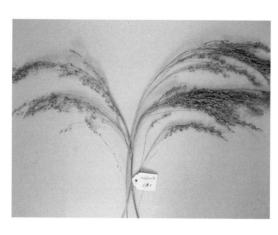

图 4-51　红糜子（2014641493）

4.52 麻豌豆

调查编号：2011641019　　　物种名称：豌豆

收集时间：2011 年　　　　　收集地点：宁夏吴忠市盐池县麻黄山乡

主要特征特性：早熟型品种；广适，抗寒、耐瘠薄，山区主要经济作物，抗旱性鉴定评价为三级。

图 4-52　麻豌豆（2011641019）

4.53 麻豌豆

调查编号：2013641458　　　物种名称：豌豆

收集时间：2013 年　　　　　收集地点：宁夏固原市西吉县将台堡镇

主要特征特性：早熟型品种；当地农民认可，抗旱、抗寒，当地主要经济作物。

图 4-53　麻豌豆（2013641458）

4.54 豌豆

调查编号：2011641032　　　　　物种名称：豌豆

收集时间：2011 年　　　　　　收集地点：宁夏吴忠市同心县下马关镇

主要特征特性：早熟型品种；广适，抗寒、耐瘠薄，山区主要经济作物，多用于饲料，抗旱性鉴定评价为三级。

图 4-54　豌豆（2011641032）

4.55 白豌豆

调查编号：2011641090　　　　　物种名称：豌豆

收集时间：2011 年　　　　　　收集地点：宁夏吴忠市同心县张家塬乡

主要特征特性：早熟型品种；抗旱、抗寒，山区主要经济作物，食用，做豆面，农民认可的主要豌豆品种，抗旱性鉴定评价为三级。

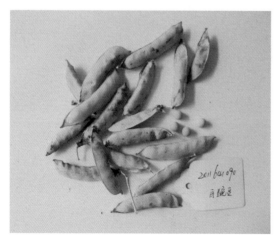

图 4-55　白豌豆（2011641090）

4.56 白豌豆

　　调查编号：2012641210　　　　物种名称：豌豆

　　收集时间：2012 年　　　　　　收集地点：宁夏固原市西吉县新营乡

　　主要特征特性：早熟型品种；广适，抗旱、抗寒、耐瘠薄，山区主要经济作物，食用，做豆面等，抗旱性鉴定评价为三级。

图 4-56　白豌豆（2012641210）

4.57 白豌豆

　　调查编号：2012641221　　　　物种名称：豌豆

　　收集时间：2012 年　　　　　　收集地点：宁夏中卫市海原县关庄乡

　　主要特征特性：早熟型品种；抗旱、抗寒，当地主要经济作物，食用，做豆面等，抗旱性鉴定评价为三级。

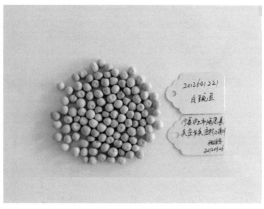

图 4-57　白豌豆（2012641221）

4.58 白豌豆

调查编号：2014641495　　　　物种名称：豌豆

收集时间：2014 年　　　　　　收集地点：宁夏固原市原州区寨科乡

主要特征特性：早熟型品种；抗旱、抗寒、耐瘠薄，当地主要经济作物，食用，做豆面等。

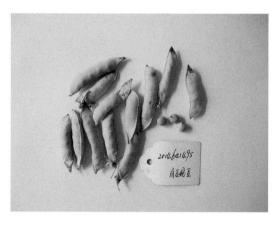 

图 4-59　白豌豆（2014641495）

4.59 兰豌豆

调查编号：2013641327　　　　物种名称：豌豆

收集时间：2013 年　　　　　　收集地点：宁夏固原市西吉县震湖乡

主要特征特性：早熟型品种；抗旱、抗寒、耐瘠薄，当地主要经济作物，食用，做豆面等。

 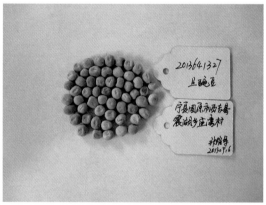

图 4-59　兰豌豆（2013641327）

4.60 黄豆

调查编号：2012641110　　　　物种名称：大豆

收集时间：2012 年　　　　收集地点：宁夏固原市彭阳县古城镇

主要特征特性：中晚熟型品种；比较抗旱、耐盐，抗旱性鉴定为一级；耐盐性鉴定评价为较耐盐材料。

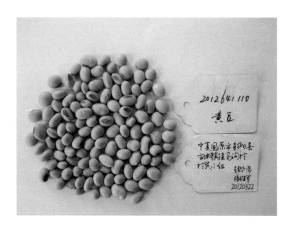

图 4-60　黄豆（2012641110）

4.61 黄豆

调查编号：2012641197　　　　物种名称：大豆

收集时间：2012 年　　　　收集地点：宁夏固原市西吉县田坪乡

主要特征特性：中晚熟型品种；比较抗旱、耐盐，抗旱性鉴定为一级；耐盐性鉴定为较耐盐。

图 4-61　黄豆（2012641197）

4.62 黄豆

调查编号：2012641275　　　　物种名称：大豆

收集时间：2012 年　　　　　　收集地点：宁夏吴忠市同心县王团镇

主要特征特性：中晚熟型品种；耐盐，耐盐性鉴定为较耐盐。

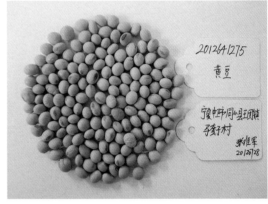

图 4-62　黄豆（2012641275）

4.63 绿大豆

调查编号：2012641128　　　　物种名称：大豆

收集时间：2012 年　　　　　　收集地点：宁夏固原市彭阳县孟塬乡

主要特征特性：中晚熟型品种；比较抗旱、耐盐，抗旱性鉴定为一级；耐盐性鉴定为耐盐，是非常宝贵的抗旱、耐盐大豆资源。

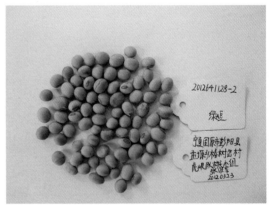

图 4-63　绿大豆（2012641128）

4.64 红鹰嘴豆

调查编号：2012641196　　　　物种名称：鹰嘴豆
收集时间：2012 年　　　　　　收集地点：宁夏固原市西吉县田坪乡
主要特征特性：早熟、矮秆型品种；鉴定为较抗旱作物，产量较高。

图 4-64　红鹰嘴豆（2012641196）

4.65 三棱豆

调查编号：2012641178　　　　物种名称：山蒿豆
收集时间：2012 年　　　　　　收集地点：宁夏固原市西吉县王民乡
主要特征特性：中熟品种，蔓生、白花；较抗旱、抗寒，主要作为饲料，也可食用，
农民喜欢种。

 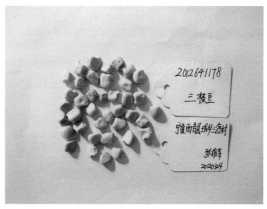

图 4-65　三棱豆（2012641178）

4.66 三角豆

调查编号：2013641452　　　　物种名称：山黧豆

收集时间：2013 年　　　　收集地点：宁夏固原市西吉县硝河乡

主要特征特性：中熟品种，蔓生、白花；较抗旱，当地农民经济作物之一，主要作为饲料，也可食用，农民认可，一直保留。

 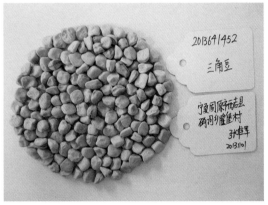

图 4-66　三角豆（2013641452）

4.67 三角豆

调查编号：2014641473　　　　物种名称：山黧豆

收集时间：2013 年　　　　收集地点：宁夏固原市原州区河川乡

主要特征特性：中熟品种，蔓生、白花；较抗旱，当地农民经济作物之一，可作饲料，农民认可，一直保留。

图 4-67　三角豆（2014641473）

4.68 高粱

调查编号：2013641319　　　　物种名称：高粱

收集时间：2013 年　　　　　　收集地点：宁夏固原市西吉县震湖乡

主要特征特性：株高 256cm、披针形；抗病、抗旱、抗寒、耐瘠薄，主要用作饲料。

图 4-68　高粱（2013641319）

4.69 高粱

调查编号：2013641444　　　　物种名称：高粱

收集时间：2013 年　　　　　　收集地点：宁夏固原市西吉县王民乡

主要特征特性：株高 256cm、披针形；抗病、抗旱、抗寒、耐瘠薄，主要用作饲料。

图 4-69　高粱（2013641444）

4.70 大板胡麻

调查编号：2011641073　　　　物种名称：胡麻

收集时间：2011 年　　　　　　收集地点：宁夏吴忠市同心县张家塬乡

主要特征特性：全生育期 80d，株高 49cm；抗旱、耐瘠薄，当地主要油料作物；抗旱性鉴定苗期为五级，成株期为四级。

图 4-70　大板胡麻（2011641073）

4.71 胡麻

调查编号：2011641046　　　　物种名称：胡麻

收集时间：2011 年　　　　　　收集地点：宁夏吴忠市同心县下马关镇

主要特征特性：全生育期 84d，株高 50cm；广适，抗旱，当地主要油料作物；抗旱性鉴定苗期评价为一级，成株期评价为三级。

图 4-71　胡麻（2011641046）

4.72 胡麻

调查编号：2012641188　　　　物种名称：胡麻

收集时间：2012 年　　　　　　收集地点：宁夏固原市西吉县田坪乡

主要特征特性：全生育期 84d，株高 54cm；广适，抗旱，当地主要油料作物；抗旱性鉴定苗期为三级，成株期为二级。

图 4-72　胡麻（2012641188）

4.73 胡麻

调查编号：2012641216　　　　物种名称：胡麻

收集时间：2012 年　　　　　　收集地点：宁夏中卫市海原县关庄乡

主要特征特性：全生育期 85d，株高 57cm；广适，抗旱，当地主要油料作物；抗旱性鉴定苗期评价为一级，成株期评价为一级，综合评价为一级抗旱胡麻资源。

图 4-73　胡麻（2012641216）

4.74 胡麻

调查编号：2013641298　　　　　物种名称：胡麻

收集时间：2013 年　　　　　　　收集地点：宁夏中卫市海原县关桥乡

主要特征特性：全生育期 98d，株高 65cm；广适，抗旱，当地主要油料作物；抗旱性鉴定苗期评价为一级，成株期评价为三级，综合评价为二级抗旱胡麻资源。

图 4-74　胡麻（2013641298）

4.75 胡麻

调查编号：2013641313　　　　　物种名称：胡麻

收集时间：2013 年　　　　　　　收集地点：宁夏中卫市海原县树台乡

主要特征特性：全生育期 96d，株高 68cm；抗旱，当地主要油料作物，农民认可品种；抗旱性鉴定苗期评价为三级，成株期评价为一级，综合评价为二级抗旱胡麻资源。

图 4-75　胡麻（2013641313）

4.76 胡麻

调查编号：2013641323　　　　物种名称：胡麻

收集时间：2013 年　　　　　　收集地点：宁夏固原市西吉县震湖乡

主要特征特性：全生育期 95d，株高 67cm；抗旱，当地主要油料作物，农民认可品种；抗旱性鉴定苗期评价为二级，成株期评价为一级，综合评价为一级抗旱胡麻资源。

图 4-76　胡麻（2013641323）

4.77 胡麻

调查编号：2013641348　　　　物种名称：胡麻

收集时间：2013 年　　　　　　收集地点：宁夏固原市西吉县田坪乡

主要特征特性：全生育期 94d，株高 67cm；抗旱，当地主要油料作物，农民认可品种；抗旱性鉴定评价为一级抗旱胡麻资源。

图 4-77　胡麻（2013641348）

4.78 胡麻

调查编号：2013641385　　　　物种名称：胡麻

收集时间：2013 年　　　　　　收集地点：宁夏固原市泾源县大湾乡

主要特征特性：全生育期 94d，株高 65cm；广适，抗旱、抗倒伏，当地主要油料作物，抗旱性鉴定评价为一级抗旱胡麻资源。

图 4-78　胡麻（2013641385）

4.79 胡麻

调查编号：2013641439　　　　物种名称：胡麻

收集时间：2013 年　　　　　　收集地点：宁夏固原市西吉县兴隆镇

主要特征特性：全生育期 89d，株高 60cm；抗旱、耐瘠薄，当地主要油料作物，农民认可品种；抗旱性鉴定评价为二级抗旱胡麻资源。

图 4-79　胡麻（2013641439）

4.80 胡麻

调查编号：2013641448　　　　物种名称：胡麻

收集时间：2013 年　　　　　　收集地点：宁夏固原市西吉县王民乡

主要特征特性：全生育期 87d，株高 58cm；广适，抗旱，当地主要油料作物，农民认可品种；抗旱性鉴定评价为二级抗旱胡麻资源。

图 4-80　胡麻（2013641448）

4.81 胡麻

调查编号：2014641480　　　　物种名称：胡麻

收集时间：2014 年　　　　　　收集地点：宁夏固原市原州区寨科乡

主要特征特性：全生育期 90d，株高 68cm；广适，抗旱，主要用来榨油；抗旱性鉴定评价为二级抗旱胡麻资源。

图 4-81　胡麻（2014641480）

4.82 胡麻

调查编号：2014641492　　　　物种名称：胡麻

收集时间：2014 年　　　　　　收集地点：宁夏固原市原州区寨科乡

主要特征特性：全生育期 91d，株高 65cm；广适、抗旱，当地主要食用油来源；抗旱性鉴定评价为二级抗旱胡麻资源。

图 4-82　胡麻（2014641492）

4.83 老胡麻

调查编号：2014641472　　　　物种名称：胡麻

收集时间：2014 年　　　　　　收集地点：宁夏固原市原州区河川乡

主要特征特性：全生育期 88d，株高 70cm；广适，抗旱，当地主要油料作物，农民认可品种，一直保留。

图 4-83　老胡麻（2014641472）

4.84 黄芥

调查编号：2013641357　　　　物种名称：油菜

收集时间：2013 年　　　　　　收集地点：宁夏固原市彭阳县城阳乡

主要特征特性：株高 100cm，分枝多；抗旱，种子可用来榨油。

图 4-84　黄芥（2013641357）

4.85 芄芄

调查编号：2013641358　　　　物种名称：油菜

收集时间：2013 年　　　　　　收集地点：宁夏固原市彭阳县城阳乡

主要特征特性：株高 78cm，分枝多，成熟期易落籽粒；广适，抗倒伏、极抗旱，与胡麻种子掺和来榨油，味香。

图 4-85　芄芄（2013641358）

4.86 芸芥

调查编号：2013641466 物种名称：油菜

收集时间：2013 年 收集地点：宁夏固原市西吉县田坪乡

主要特征特性：株高 75cm，分枝多，成熟时荚易裂、落粒；广适，极抗旱，与胡麻种子掺和来榨油，味香，是当地主要食用油来源。

图 4-86 芸芥（2013641466）

4.87 芸芥

调查编号：2014641497 物种名称：油菜

收集时间：2014 年 收集地点：宁夏固原市原州区官厅乡

主要特征特性：株高 73cm，分枝多，成熟时荚易裂、落粒；广适，极抗旱，与胡麻种子掺和来榨油，味香，是当地主要食用油来源。

图 4-87 芸芥（2014641497）

第 5 章

甘肃省抗逆农作物种质资源多样性

5.1 和尚头

调查编号：2013621001　　　　物种名称：小麦

收集时间：2013 年　　　　收集地点：甘肃省白银市景泰县寺滩乡

主要特征特性：全生育期 109d，株高 110cm，穗长 11.3cm，小穗个数 22.3 个，穗粒数 35.2 粒。经鉴定，15cm 播深条件下出苗率达到 90%，具有较强耐深播性。

图 5-1　和尚头（2013621001）

5.2 和尚头

调查编号：2013621010　　　　物种名称：小麦

收集时间：2013 年　　　　　　收集地点：甘肃省白银市景泰县正路镇

主要特征特性：全生育期 108d，株高 112cm，穗长 8.8cm，小穗个数 16.5 个，穗粒数 32.3 粒。经鉴定，全生育期抗旱性达到一级，具有强抗旱性。

图 5-2　和尚头（2013621010）

5.3 和尚头

调查编号：2013621022　　　　物种名称：小麦

收集时间：2013 年　　　　　　收集地点：甘肃省兰州市永登县上川镇

主要特征特性：全生育期 108d，株高 110cm，穗长 8.6cm，小穗个数 15.8 个，穗粒数 31.2 粒。经鉴定，15cm 播深条件下出苗率达到 75%，具有较强耐深播性。

图 5-3　和尚头（2013621022）

5.4 和尚头

调查编号：2013621034　　　　　物种名称：小麦

收集时间：2013 年　　　　　　　收集地点：甘肃省白银区武川乡

主要特征特性：全生育期 109d，株高 110cm，穗长 8.4cm，小穗个数 16.1 个，穗粒数 30.6 粒，千粒重 40.9g。经鉴定，全生育期抗旱性达到一级，15cm 播深条件下出苗率达到 80%，具有强抗旱性和耐深播性。粗蛋白含量 14.99%，湿面筋含量 33.6%，达强筋标准，面条评分 85，可用于制作面条、烧锅子等食品。

图 5-4　和尚头（2013621034）

5.5 和尚头

调查编号：2012621412　　　　　物种名称：小麦

收集时间：2012 年　　　　　　　收集地点：甘肃省兰州市永登县七山乡

主要特征特性：全生育期 96d，株高 130cm，穗长 8.6cm，小穗个数 18.3 个，穗粒数 36.1 粒。经鉴定，全生育期抗旱性达到一级，具有强抗旱性。

图 5-5　和尚头（2012621412）

5.6 和尚头

调查编号：2013621028　　　　物种名称：小麦

收集时间：2013 年　　　　　　收集地点：甘肃省兰州市永登县上川镇

主要特征特性：全生育期 108d，株高 110cm，穗长 9.0cm，小穗个数 17.1 个，穗粒数 32.6 粒。经鉴定，全生育期抗旱性达到一级，15cm 播深条件下出苗率达到 70%，同时具有强抗旱性和耐深播性。

图 5-6　和尚头（2013621028）

5.7 榆林 8 号

调查编号：2011621092　　　　物种名称：小麦

收集时间：2011 年　　　　　　收集地点：甘肃省庆阳市环县秦团庄乡

主要特征特性：全生育期 106d，株高 122cm，穗长 8.2cm，小穗个数 23.5 个，穗粒数 32.3 粒。经鉴定，在芽期抗旱性达到一级，具有强抗旱性。

图 5-7　榆林 8 号（2011621092）

5.8 春麦

调查编号：2011621195　　　　　物种名称：小麦

收集时间：2011 年　　　　　　　收集地点：甘肃省白银市会宁县中川镇

主要特征特性：全生育期 105d，株高 110cm，穗长 8.7cm，小穗个数 18.3 个，穗粒数 30.6 粒。经鉴定，苗期抗旱性达到一级，具有强抗旱性。

图 5-8　春麦（2011621195）

5.9 三根芒

调查编号：2012621395　　　　　物种名称：小麦

收集时间：2012 年　　　　　　　收集地点：甘肃省兰州市永登县七山乡

主要特征特性：全生育期 96d，株高 90cm，穗长 8.3cm，小穗个数 17.2 个，穗粒数 34.2 粒。经鉴定，苗期抗旱性达到一级，具有强抗旱性。

图 5-9　三根芒（2012621395）

5.10 马牙玉米

调查编号：2012621252　　　　物种名称：玉米

收集时间：2012 年　　　　　　收集地点：甘肃省武威市民勤县薛百镇

主要特征特性：全生育期 121d，株高 163cm，穗长 13.5cm，穗粗 3.8cm，穗行数为 20，百粒重 15.5g，粒色红色，属硬粒型玉米。抗锈、抗旱，全生育期抗旱性达一级，籽粒品质好，可作为粮食用。

图 5-10　马牙玉米（2012621252）

5.11 老苞谷

调查编号：2012621440　　　　物种名称：玉米

收集时间：2012 年　　　　　　收集地点：甘肃省武威市民勤县东坝镇

主要特征特性：全生育期 141d，株高 225cm，穗位高 100cm，穗长 20cm，穗粗 4.3cm，穗行数为 16，百粒重 23g，粒色紫色，属硬粒型玉米。经鉴定，在全生育期抗旱性达一级。可粮饲兼用。

图 5-11　老苞谷（2012621440）

5.12 羊眼豆

调查编号：2011621014　　　　物种名称：大豆

收集时间：2011 年　　　　收集地点：甘肃省庆阳市环县八珠乡

主要特征特性：全生育期 144d，半直立型生长习性，亚有限结荚习性。经鉴定，在全生育期抗旱性达一级，具有较强的抗旱性。

 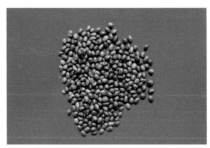

图 5-12　羊眼豆（2011621014）

5.13 羊眼豆

调查编号：2011621039　　　　物种名称：大豆

收集时间：2011 年　　　　收集地点：甘肃省庆阳市环县八珠乡

主要特征特性：全生育期 144d，直立型生长习性，有限结荚习性。经鉴定，在全生育期抗旱性达一级，具有较强的抗旱性。

 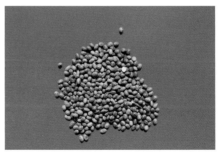

图 5-13　羊眼豆（2011621039）

5.14 扁黑豆

调查编号：2011621023　　　　　物种名称：大豆

收集时间：2011 年　　　　　收集地点：甘肃省庆阳市环县八珠乡

主要特征特性：全生育期 143d，株高 79cm，主茎节数 16.3，有效分枝数 2.1，百粒重 10.6g，叶形椭圆，直立生长，有限结荚习性，经鉴定全生育期抗旱性、耐盐性均达到一级。能降胆固醇、补肾益脾、改善贫血、美容养颜、抗衰老，常用作保健食品。

图 5-14　扁黑豆（2011621023）

5.15 鸡腰子黄豆

调查编号：2011621090　　　　　物种名称：大豆

收集时间：2011 年　　　　　收集地点：甘肃省庆阳市环县秦团庄乡

主要特征特性：全生育期 145d，半蔓型生长习性，无限结荚习性。经鉴定，全生育期抗旱性、耐盐性均达到一级，具有较强的抗旱性和耐盐性。

图 5-15　鸡腰子黄豆（2011621090）

5.16 黑滚豆

调查编号：2011621095　　　　　物种名称：大豆

收集时间：2011 年　　　　　　　收集地点：甘肃省庆阳市环县秦团庄乡

主要特征特性：全生育期 144d，直立型生长习性，亚无限结荚习性。经鉴定，全生育期耐盐性达到一级，具有较强的耐盐性。

图 5-16　黑滚豆（2011621095）

5.17 黑豆

调查编号：2011621099　　　　　物种名称：大豆

收集时间：2011 年　　　　　　　收集地点：甘肃省庆阳市环县秦团庄乡

主要特征特性：全生育期 144d，直立生长习性，无限结荚习性。经鉴定，全生育期耐盐性达到一级，具有较强的耐盐性。

图 5-17　黑豆（2011621099）

5.18 绿豆

调查编号：2011621116　　　　　物种名称：大豆

收集时间：2011 年　　　　　　　收集地点：甘肃省白银市会宁县大沟镇

主要特征特性：全生育期 132d，直立型生长习性，有限结荚习性。在当地具有优质、抗旱、耐贫瘠等特性，经鉴定，全生育期耐盐性达到一级，具有较强的耐盐性。

图 5-18　绿豆（2011621116）

5.19 绿豆

调查编号：2011621136　　　　　物种名称：大豆

收集时间：2011 年　　　　　　　收集地点：甘肃省白银市会宁县大沟镇

主要特征特性：全生育期 141d，半直立型生长习性，无限结荚习性。经鉴定，全生育期抗旱性、耐盐性均达到一级，具有较强的抗旱性和耐盐性。

图 5-19　绿豆（2011621136）

5.20 大豆

调查编号：2011621118　　　　物种名称：大豆

收集时间：2011 年　　　　　　收集地点：甘肃省白银市会宁县大沟镇

主要特征特性：全生育期 144d，半直立型生长习性，亚有限结荚习性。经鉴定，全生育期抗旱性、耐盐性均达到一级，具有较强的抗旱性和耐盐性。

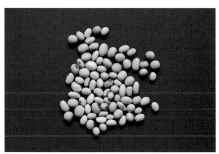

图 5-20　大豆（2011621118）

5.21 大豆

调查编号：2013621029　　　　物种名称：大豆

收集时间：2013 年　　　　　　收集地点：甘肃省白银市白银区武川乡

主要特征特性：全生育期 150d，株高 88cm，单株荚数 58.2，百粒重 14.9g，直立型生长，无限结荚习性。经鉴定，全生育期耐盐性达到一级，具有较强的耐盐性。

图 5-21　大豆（2013621029）

5.22 黄豆

调查编号：2012621161　　　　　　物种名称：大豆

收集时间：2012 年　　　　　　　　收集地点：甘肃省武威市民勤县东坝镇

主要特征特性：全生育期 128d，株高 63cm，单株荚数 44.9，百粒重 13.1g，半蔓型生长，无限结荚习性。经鉴定，全生育期耐盐性达到一级，抗花叶病毒病。

图 5-22　黄豆（2012621161）

5.23 黄豆

调查编号：2013621143　　　　　　物种名称：大豆

收集时间：2013 年　　　　　　　　收集地点：甘肃省酒泉市敦煌市转渠口镇

主要特征特性：全生育期 115d，株高 88cm，单株荚数 47.3，百粒重 16.9g，直立型生长，亚有限结荚习性。经鉴定，全生育期耐盐性达到一级，具有较强的耐盐性，抗花叶病毒病。

图 5-23　黄豆（2013621143）

5.24 黄豆

调查编号：2013621145 　　　　物种名称：大豆

收集时间：2013 年 　　　　收集地点：甘肃省酒泉市敦煌市转渠口镇

主要特征特性：全生育期 131d，株高 84cm，单株荚数 57.2，百粒重 17.2g，半直立型生长，亚有限结荚习性。经鉴定，全生育期耐盐性达到一级，具有较强的耐盐性，抗花叶病毒病。

图 5-24 黄豆（2013621145）

5.25 棕豆子

调查编号：2012621166 　　　　物种名称：大豆

收集时间：2012 年 　　　　收集地点：甘肃省武威市民勤县东坝镇

主要特征特性：全生育期 140d，株高 88cm，单株荚数 37.2，百粒重 6.4g，半蔓型生长，无限结荚习性。经鉴定，全生育期耐盐性达到一级，抗花叶病毒病。

图 5-25 棕豆子（2012621166）

5.26 绿黄豆

调查编号：2012621236　　　　物种名称：大豆

收集时间：2012 年　　　　收集地点：甘肃省武威市民勤县薛百镇

主要特征特性：全生育期 142d，株高 59cm，单株荚数 52.7，百粒重 9.9g，半蔓型生长，亚有限结荚习性。经鉴定，全生育期抗旱性达到一级，抗花叶病毒病。

图 5-26　绿黄豆（2012621236）

5.27 小黄豆

调查编号：2012621251　　　　物种名称：大豆

收集时间：2012 年　　　　收集地点：甘肃省武威市民勤县薛百镇

主要特征特性：全生育期 128d，株高 67cm，单株荚数 42.5，百粒重 7.4g，半蔓型生长，亚有限结荚习性。经鉴定，全生育期耐盐性达到一级，抗花叶病毒病。

图 5-27　小黄豆（2012621251）

5.28 大谷子

调查编号：2011621084　　　　　物种名称：谷子

收集时间：2011 年　　　　　　收集地点：甘肃省庆阳市环县秦团庄乡

主要特征特性：全生育期 120d，株高 165cm，主茎节数 12.1，茎粗 1.1cm，穗长 35.3cm，穗粗 2.7cm，千粒重 3.9g，出谷率为 83.9%，大多数连同秸秆被用作饲料。经鉴定，芽期抗旱性达到一级。

图 5-28　大谷子（2011621084）

5.29 大谷子

调查编号：2013621035　　　　　物种名称：谷子

收集时间：2013 年　　　　　　收集地点：甘肃省白银市白银区武川乡

主要特征特性：全生育期 129d，株高 178cm，主茎节数 9.6，茎粗 0.6cm，穗长 25.1cm，穗粗 2.5cm，千粒重 3.8g，出谷率为 84.8%。田间表现较强的抗旱性和耐盐性，芽期耐盐性达到一级，秸秆可作饲用，籽粒可作小米食用。

图 5-29　大谷子（2013621035）

5.30 新坪小红谷

调查编号：2011621124　　　　物种名称：谷子

收集时间：2011 年　　　　收集地点：甘肃省白银市会宁县大沟镇

主要特征特性：全生育期 111d，株高 124cm，主茎节数 8.7，茎粗 0.6cm，穗长 22.1cm，穗粗 2.1cm，千粒重 3.6g，出谷率为 85.29%。经鉴定，芽期耐盐性达到　级，具有较强的耐盐性。

图 5-30　新坪小红谷（2011621124）

5.31 驴缰绳

调查编号：2011621125　　　　物种名称：谷子

收集时间：2011 年　　　　收集地点：甘肃省白银市会宁县大沟镇

主要特征特性：全生育期 125d，株高 127cm，主茎节数 10.3，茎粗 0.7cm，穗长 23.0cm，穗粗 2.1cm，千粒重 4.1g，出谷率为 89.58%。在当地表现高产、抗旱、耐贫瘠，被用作饲料使用。

图 5-31　驴缰绳（2011621125）

5.32 秋谷子

调查编号：2012621041　　　　物种名称：谷子

收集时间：2012 年　　　　　　收集地点：甘肃省武威市民勤县东湖镇

主要特征特性：全生育期 109d，株高 108cm，主茎节数 9.8，茎粗 0.6cm，穗长 19.4cm，穗粗 2.2cm，千粒重 4.2g，出谷率为 86.1%。经鉴定，全生育期抗旱性达到一级。

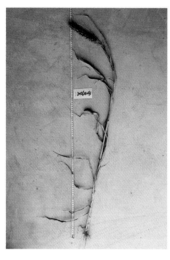

图 5-32　秋谷子（2012621041）

5.33 黄谷子

调查编号：2012621330　　　　物种名称：谷子

收集时间：2012 年　　　　　　收集地点：甘肃省武威市古浪县西靖镇

主要特征特性：全生育期 120d，株高 102cm，主茎节数 9.7，茎粗 0.7cm，穗长 19.5cm，穗粗 2.6cm，千粒重 4.2g，出谷率为 86.86%。经鉴定，全生育期抗旱性达到一级。

图 5-33　黄谷子（2012621330）

5.34 黄谷子

调查编号：2012621399　　　　物种名称：谷子

收集时间：2012 年　　　　　　收集地点：甘肃省兰州市永登县七山乡

主要特征特性：全生育期 121d，株高 129cm，主茎节数 10.3，茎粗 0.8cm，穗长 19.9cm，穗粗 2.6cm，千粒重 3.5g，出谷率为 84.68%。经鉴定，全生育期抗旱性达到一级。

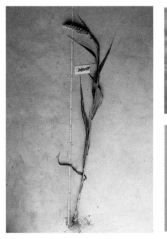

图 5-34　黄谷子（2012621399）

5.35 红谷子

调查编号：2013621012　　　　物种名称：谷子

收集时间：2013 年　　　　　　收集地点：甘肃省白银市景泰县寺滩乡

主要特征特性：全生育期 109d，株高 149cm，主茎节数 9.8，茎粗 0.5cm，穗长 22.4cm，穗粗 2.6cm，千粒重 3.9g，出谷率为 81.3%。经鉴定，芽期耐盐性达到一级，具有较强的耐盐性。

图 5-35　红谷子（2013621012）

5.36 红硬糜子

调查编号：2011621003　　　　物种名称：黍

收集时间：2011 年　　　　　　收集地点：甘肃省庆阳市环县八珠乡

主要特征特性：全生育期 116d，株高 176cm，主茎节数 8.3，侧穗，穗长 35.8cm，粒色红色，千粒重 6.6g。全生育期表现较强的抗旱性，抗旱性达一级，抗倒伏。

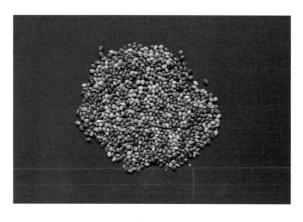

图 5-36　红硬糜子（2011621003）

5.37 黑硬糜子

调查编号：2011621005　　　　物种名称：黍

收集时间：2011 年　　　　　　收集地点：甘肃省庆阳市环县八珠乡

主要特征特性：全生育期 113d，株高 173cm，主茎节数 8.4，侧穗，穗长 29.8cm，粒色黑色，千粒重 6.9g。在当地表现优质、抗旱，是当地很好的食材。

图 5-37　黑硬糜子（2011621005）

5.38 糜子

调查编号：2011621075 物种名称：黍

收集时间：2011 年 收集地点：甘肃省庆阳市环县毛井镇

主要特征特性：全生育期 115d，株高 153cm，主茎节数 6.6，侧穗，穗长 35.3cm，粒色黄色，千粒重 8.2g。全生育期表现较强的抗旱性，抗旱性达一级。

图 5-38　糜子（2011621075）

5.39 糜子

调查编号：2012621016 物种名称：黍

收集时间：2012 年 收集地点：甘肃省武威市民勤县西渠镇

主要特征特性：全生育期 83d，株高 143cm，主茎节数 8.2，侧穗，穗长 29.8cm，粒色黄色，千粒重 8.3g。经鉴定，全生育期表现较强的抗旱性，抗旱性达到一级，早熟品种。

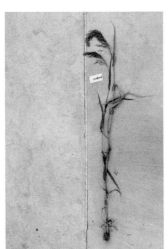

图 5-39　糜子（2012621016）

5.40 糜子

调查编号：2012621091　　　　物种名称：黍

收集时间：2012 年　　　　　　收集地点：甘肃省武威市民勤县东湖镇

主要特征特性：全生育期 106d，株高 161cm，主茎节数 7.2，散穗，穗长 36.7cm，粒色黄色，千粒重 8.1g。表现较强的抗旱性、抗病性和耐盐性，经鉴定，芽期耐盐性达到一级，当地人们常用来制作糕点。

图 5-40　糜子（2012621091）

5.41 糜子

调查编号：2012621211　　　　物种名称：黍

收集时间：2012 年　　　　　　收集地点：甘肃省武威市民勤县西渠镇

主要特征特性：全生育期 102d，株高 160cm，主茎节数 8.6，散穗，穗长 31cm，茎粗 0.6cm，粒色黄色，千粒重 7.8g。经鉴定，芽期耐盐性达到一级，具有较强的耐盐性。

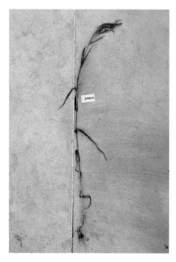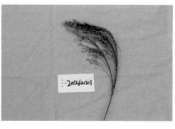

图 5-41　糜子（2012621211）

5.42 糜子

调查编号：2012621276　　　　物种名称：黍

收集时间：2012 年　　　　收集地点：甘肃省武威市古浪县新堡乡

主要特征特性：全生育期 102d，株高 131cm，主茎节数 7.1，侧穗，穗长 32.1cm，茎粗 0.6cm，粒色红色，千粒重 8.4g。经鉴定，芽期耐盐性达到一级，具有较强的耐盐性。

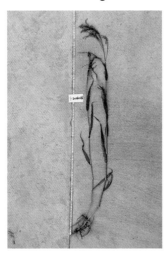

图 5-42　糜子（2012621276）

5.43 糜子

调查编号：2012621342　　　　物种名称：黍

收集时间：2012 年　　　　收集地点：甘肃省武威市古浪县西靖镇

主要特征特性：全生育期 102d，株高 134cm，主茎节数 6.8，侧穗，穗长 30.8cm，茎粗 0.5cm，粒色红色，千粒重 7.9g。经鉴定，全生育期抗旱性达到一级，具有较强的抗旱性，适合干旱区种植。

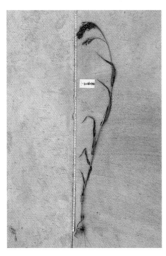

图 5-43　糜子（2012621342）

5.44 红糜子

调查编号：20116211085　　　　物种名称：黍

收集时间：2011 年　　　　　　收集地点：甘肃省庆阳市环县秦团庄乡

主要特征特性：全生育期 115d，株高 141cm，主茎节数 7.3，侧穗，穗长 35.4cm，粒色红色，千粒重 6.4g。全生育期表现较强的抗旱性，抗旱性达一级。

图 5-44　红糜子（20116211085）

5.45 红糜子

调查编号：2012621092　　　　物种名称：黍

收集时间：2012 年　　　　　　收集地点：甘肃省武威市民勤县东湖镇

主要特征特性：全生育期 106d，株高 157cm，主茎节数 8.1，侧穗，穗长 31.8cm，茎粗 0.6cm，粒色红色，千粒重 7.9g。经鉴定，同时表现出较强的抗旱性和耐盐性，全生育抗旱性达一级，芽期耐盐性达到一级。人们常将其磨成黄米面，制作各种面食。

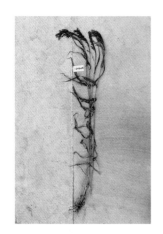

图 5-45　红糜子（2012621092）

5.46 红糜子

调查编号：2012621233　　　　物种名称：黍

收集时间：2012 年　　　　收集地点：甘肃省武威市民勤县薛百镇

主要特征特性：全生育期 101d，株高 142cm，主茎节数 8.4，侧穗，穗长 26.2cm，茎粗 0.6cm，粒色红色，千粒重 7.5g。经鉴定，全生育期抗旱性达到一级，具有较强的抗旱性。

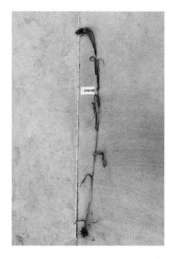  

图 5-46　红糜子（2012621233）

5.47 黄糜子

调查编号：2011621108　　　　物种名称：黍

收集时间：2011 年　　　　收集地点：甘肃省白银市会宁县大沟镇

主要特征特性：全生育期 116d，株高 163cm，主茎节数 7.4，侧穗，穗长 35.9cm，粒色黄色，千粒重 9.3g。经鉴定，芽期表现较强的耐盐性，耐盐性达一级。

图 5-47　黄糜子（2011621108）

5.48 大保安红

调查编号：2011621165　　　物种名称：黍

收集时间：2011 年　　　收集地点：甘肃省白银市会宁县头寨子镇

主要特征特性：全生育期 115d，株高 125cm，主茎节数 6.6，侧穗，穗长 26.6cm，粒色红色，千粒重 8.2g。经鉴定，全生育期表现较强的抗旱性，抗旱性达到一级。

图 5-48　大保安红（2011621165）

5.49 半个红

调查编号：2013621030　　　物种名称：黍

收集时间：2013 年　　　收集地点：甘肃省白银市白银区武川乡

主要特征特性：全生育期 114d，株高 148cm，主茎节数 7.5，侧穗，穗长 27.2cm，茎粗 0.6cm，粒色红色，千粒重 7.9g。经鉴定，芽期耐盐性达到一级，具有较强的耐盐性，在当地表现出耐贫瘠、抗倒伏。

图 5-49　半个红（2013621030）

5.50 半转糜

调查编号：2013621069　　　　　物种名称：黍

收集时间：2013 年　　　　　　　收集地点：甘肃省定西市临洮县洮阳镇

主要特征特性：全生育期 113d，株高 154cm，主茎节数 6.9，侧穗，穗长 25.9cm，茎粗 0.5cm，粒色黄青色，千粒重 8.4g。经鉴定，芽期耐盐性达到一级，具有较强的耐盐性，在当地表现出耐贫瘠，常用作饲料。

图 5-50　半转糜（2013621069）

5.51 大燕麦

调查编号：2011621045　　　　　物种名称：燕麦

收集时间：2011 年　　　　　　　收集地点：甘肃省庆阳市环县毛井镇

主要特征特性：全生育期 108d，株高 77cm，分蘖数 1.1，铃形纺锤形，穗长 15.9cm，穗粒数 44 粒，千粒重 26.8g。优质、抗旱、广适，常用作饲料。

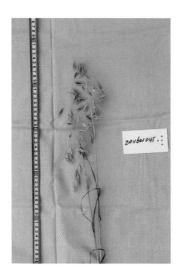

图 5-51　大燕麦（2011621045）

5.52 莜麦

调查编号：2011621073　　　　物种名称：燕麦

收集时间：2011 年　　　　收集地点：甘肃省庆阳市环县毛井镇

主要特征特性：全生育期 104d，株高 72cm，分蘖数 1.8，铃形串铃形，穗长 15.1cm，穗粒数 58 粒，千粒重 15.8g。优质、抗旱，面粉为食用小杂粮。

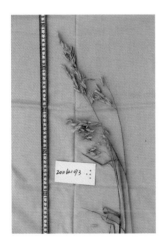

图 5-52　莜麦（2011621073）

5.53 黑燕麦

调查编号：2012621278　　　　物种名称：燕麦

收集时间：2012 年　　　　收集地点：甘肃省武威市古浪县新堡乡

主要特征特性：全生育期 102d，株高 82cm，分蘖数 1.9，铃形纺锤形，穗长 18.3cm，穗粒数 114 粒，千粒重 23.6g。优质，饲用。

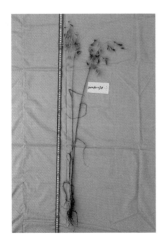

图 5-53　黑燕麦（2012621278）

5.54 红花荞麦

调查编号：2011621008　　　　　物种名称：荞麦

收集时间：2011 年　　　　　　　收集地点：甘肃省庆阳市环县八珠乡

主要特征特性：全生育期 109d，株高 97cm，分枝数 3.1，主茎节数 6，花红色，籽粒深褐色，千粒重 31.5g。优质，抗旱、抗倒伏，食用。

 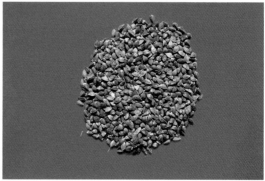

图 5-54　红花荞麦（2011621008）

5.55 绿荞

调查编号：2013621044　　　　　物种名称：荞麦

收集时间：2013 年　　　　　　　收集地点：甘肃省定西市通渭县三铺乡

主要特征特性：全生育期 103d，株高 89cm，分枝数 2.7，主茎节数 9，花黄绿色，籽粒灰黑色，千粒重 23.7g。优质，抗旱，食用。

图 5-55　绿荞（2013621044）

5.56 胡麻

调查编号：2011621080　　　　　物种名称：亚麻

收集时间：2011 年　　　　　　　收集地点：甘肃省庆阳市环县毛井镇

主要特征特性：全生育期 79d，株高 52cm，分茎数 1.8，硕果数 17.4，千粒重 5.1g，花冠漏斗形，花瓣蓝色，花药浅灰色，直立生长。抗旱性达一级，抗倒伏，用来制作植物油。

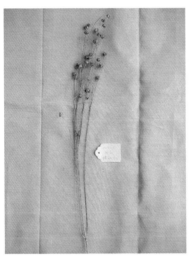

图 5-56　胡麻（2011621080）

5.57 胡麻

调查编号：2011621210　　　　　物种名称：亚麻

收集时间：2011 年　　　　　　　收集地点：甘肃省白银市会宁县翟家所镇

主要特征特性：全生育期 86d，株高 45cm，分茎数 2，硕果数 15.9，千粒重 4.3g，花冠漏斗形，花瓣蓝色，花药浅灰色，半匍匐生长。全生育期抗旱性达一级，抗倒伏。

图 5-57　胡麻（2011621210）

5.58 胡麻

调查编号：2012621187　　　　物种名称：亚麻

收集时间：2012 年　　　　收集地点：甘肃省武威市民勤县东坝镇

主要特征特性：全生育期 88d，株高 49cm，分茎数 1.7，硕果数 13.1，千粒重 3.9g，花冠蝶形，花瓣蓝色，花药蓝色，半匍匐生长。芽期抗旱性达到一级，具有强抗旱性，抗倒伏。

图 5-58　胡麻（2012621187）

5.59 胡麻

调查编号：2012621237　　　　物种名称：亚麻

收集时间：2012 年　　　　收集地点：甘肃省武威市民勤县薛百镇

主要特征特性：全生育期 84d，株高 49cm，分茎数 0.8，硕果数 10.1，千粒重 3.8g，花冠蝶形，花瓣蓝色，花药蓝色，匍匐生长。经鉴定，苗期抗旱性达到一级，具有强抗旱性，抗倒伏。

图 5-59　胡麻（2012621237）

5.60 胡麻

调查编号：2013621115　　　　物种名称：亚麻

收集时间：2013 年　　　　　　收集地点：甘肃省酒泉市敦煌市肃州镇

主要特征特性：全生育期 125d，株高 79cm，分茎数 2.1，硕果数 15.9，千粒重 5.0g，花冠漏斗形，花瓣蓝色，花药蓝色，直立生长。全生育期抗旱性强，达到一级抗旱，用来制作植物油。

图 5-60　胡麻（2013621115）

5.61 红胡麻

调查编号：2012621062　　　　物种名称：亚麻

收集时间：2012 年　　　　　　收集地点：甘肃省武威市民勤县东湖镇

主要特征特性：全生育期 89d，株高 53cm，分茎数 0.8，硕果数 19.9，千粒重 4.6g，花冠漏斗形，花瓣蓝色，花药浅灰色，半匍匐生长。抗旱性达到一级，抗倒伏，用来制作植物油和保健产品。

图 5-61　红胡麻（2012621062）

5.62 红胡麻

调查编号：2012621097　　　　物种名称：亚麻

收集时间：2012 年　　　　　　收集地点：甘肃省武威市民勤县东湖镇

主要特征特性：全生育期87d，株高56cm，分茎数1.3，硕果数14.1，千粒重4.8g，花冠蝶形，花瓣蓝色，花药浅灰色，半匍匐生长。全生育期抗旱性达到一级，抗倒伏，用来制作植物油。

图 5-62　红胡麻（2012621097）

5.63 白胡麻

调查编号：2012621118　　　　物种名称：亚麻

收集时间：2012 年　　　　　　收集地点：甘肃省武威市民勤县东湖镇

主要特征特性：全生育期85d，株高48cm，分茎数1.2，硕果数22.4，千粒重7.0g，花冠五角形，花瓣白色，花药微黄色，半匍匐生长。芽期抗旱性达到一级，抗倒伏，用来制作植物油。

图 5-63　白胡麻（2012621118）

5.64 木板胡麻

调查编号：2012621341　　　　物种名称：亚麻
收集时间：2012 年　　　　　　收集地点：甘肃省武威市古浪县西靖镇

主要特征特性：全生育期 84d，株高 54cm，分茎数 1.7，硕果数 18.1，千粒重 4.3g，花冠漏斗形，花瓣蓝色，花药浅灰色，半匍匐生长。抗旱性强，达到一级抗旱，抗倒伏，用来制作植物油和保健产品。

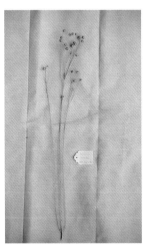
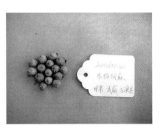

图 5-64　木板胡麻（2012621341）

5.65 蓖麻

调查编号：2012621037　　　　物种名称：蓖麻
收集时间：2012 年　　　　　　收集地点：甘肃省武威市民勤县西渠镇

主要特征特性：全生育期 163d，株高 160cm，主茎节数 16，无限生长习性，雄蕊乳白色，雌花红色，粒色暗灰色。抗倒伏，叶片、茎秆入药，种子可榨油。

图 5-65　蓖麻（2012621037）

5.66 芥末

调查编号：2012621148　　　　物种名称：油菜

收集时间：2012 年　　　　收集地点：甘肃省武威市民勤县东湖镇

主要特征特性：全生育期 103d，株高 137cm，分枝数 17，角果数 353，角粒数 23，千粒重 1.7g，种皮褐色。抗倒伏、抗菌核病。

图 5-66　芥末（2012621148）

5.67 芥末

调查编号：2012621073　　　　物种名称：油菜

收集时间：2012 年　　　　收集地点：甘肃省武威市民勤县东湖镇

主要特征特性：全生育期 102d，株高 119cm，分枝数 21，角果数 517，角粒数 14，千粒重 1.8g，种皮黄色。高产，抗倒伏、抗霜霉病、抗白锈病。

图 5-67　芥末（2012621073）

5.68 油菜

调查编号：2012621224 物种名称：油菜

收集时间：2012 年 收集地点：甘肃省武威市民勤县薛百镇

主要特征特性：全生育期 69d，株高 77cm，分枝数 10，角果数 136，角粒数 18，千粒重 2.7g，种皮褐色。早熟，抗病毒病、抗菌核病。

图 5-68 油菜（2012621224）

5.69 油菜

调查编号：2012621367 物种名称：油菜

收集时间：2012 年 收集地点：甘肃省兰州市永登县民乐乡

主要特征特性：全生育期 67d，株高 78cm，分枝数 12，角果数 203，角粒数 20，千粒重 2.8g，种皮褐色。早熟，抗倒伏、抗霜霉病、抗菌核病。

图 5-69 油菜（2012621367）

5.70 白豌豆

调查编号：2011621036　　　　　物种名称：豌豆
收集时间：2011 年　　　　　　　收集地点：甘肃省庆阳市环县八珠乡
主要特征特性：全生育期 135d，株高 102cm，主茎分枝数 2，主茎节数 14，单株荚数 5，荚长 6.3cm，荚宽 1.2cm，单荚粒数 3，粒形球形，粒色淡黄色，百粒重 17.0g。田间抗旱性达一级，同时抗白粉病、抗锈病、抗霜霉病。常被用作蔬菜炒食和制作淀粉。

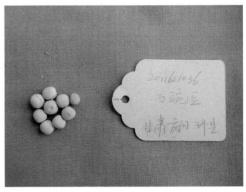

图 5-70　白豌豆（2011621036）

5.71 豌豆

调查编号：2011621062　　　　　物种名称：豌豆
收集时间：2011 年　　　　　　　收集地点：甘肃省庆阳市环县毛井镇
主要特征特性：全生育期 135d，株高 98cm，主茎分枝数 1，主茎节数 15，单株荚数 7，荚长 6.3cm，荚宽 1.3cm，单荚粒数 4，粒形球形，粒色绿色，百粒重 10.1g。在当地高产、优质。经鉴定，同时抗白粉病、锈病和霜霉病。

图 5-71　豌豆（2011621062）

5.72 豌豆

调查编号：2011621209　　　　物种名称：豌豆

收集时间：2011 年　　　　收集地点：甘肃省白银市会宁县翟家所镇

主要特征特性：全生育期 138d，株高 127cm，主茎分枝数 1，主茎节数 19，单株荚数 8，荚长 6.3cm，荚宽 1.2cm，单荚粒数 6，粒形球形，粒色淡黄色，百粒重 14.3g。经鉴定，抗旱性达一级，抗白粉病，抗蚜虫。常将籽粒磨成面制作各种杂粮小吃和淀粉。

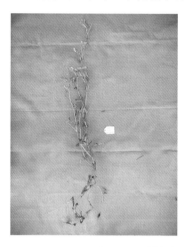  

图 5-72　豌豆（2011621209）

5.73 豌豆

调查编号：2012621019　　　　物种名称：豌豆

收集时间：2012 年　　　　收集地点：甘肃省武威市民勤县西渠镇

主要特征特性：全生育期 138d，株高 170cm，主茎分枝数 3，主茎节数 18，单株荚数 9，荚长 6.3cm，荚宽 1.2cm，单荚粒数 7，粒形球形，粒色麻褐色，百粒重 15.0g。经鉴定，抗锈病、霜霉病、蚜虫。常粮饲兼用。

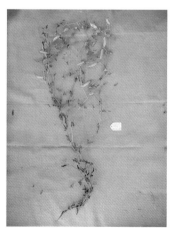  

图 5-73　豌豆（2012621019）

5.74 绿豌豆

调查编号：2011621111　　　物种名称：豌豆

收集时间：2011 年　　　收集地点：甘肃省白银市会宁县大沟镇

主要特征特性：全生育期 152d，株高 135cm，主茎分枝数 2，主茎节数 19，单株荚数 10，荚长 6.2cm，荚宽 1.2cm，单荚粒数 4，粒形球形，粒色淡黄色，白粒重 14.8g。经鉴定，抗白粉病、霜霉病。在当地表现优质、耐贫瘠，粮饲兼用。

图 5-74　绿豌豆（2011621111）

5.75 大麻豌豆

调查编号：2011621197　　　物种名称：豌豆

收集时间：2011 年　　　收集地点：甘肃省白银市会宁县中川镇

主要特征特性：全生育期 133d，株高 125cm，主茎分枝数 1，主茎节数 22，单株荚数 12，荚长 6.5cm，荚宽 1.1cm，单荚粒数 5，粒形球形，粒色麻褐色，百粒重 26.0g。经鉴定，抗白粉病、锈病、褐斑病。

图 5-75　大麻豌豆（2011621197）

5.76 没皮豆

调查编号：2012621317　　　　　物种名称：豌豆

收集时间：2012 年　　　　　　收集地点：甘肃省武威市古浪县定宁镇

主要特征特性：全生育期 133d，株高 179cm，主茎分枝数 1，主茎节数 19，单株荚数 5，荚长 8.7cm，荚宽 1.4cm，单荚粒数 8，粒形扁球形，粒色麻色，百粒重 19.9g。在当地抗旱、耐盐碱。经鉴定，抗锈病、霜霉病、蚜虫。荚鲜嫩，常作蔬菜食用。

图 5-76　没皮豆（2012621317）

5.77 马牙豌豆

调查编号：2011621009　　　　　物种名称：山黧豆

收集时间：2011 年　　　　　　收集地点：甘肃省庆阳市环县八珠乡

主要特征特性：全生育期 151d，株高 83cm，主茎分枝数 3，主茎节数 19，单株荚数 7，荚长 4.2cm，荚宽 1.9cm，单荚粒数 2，粒形马牙形，粒色白色，百粒重 14.8g。优质，抗旱、抗白粉病、抗霜霉病。

图 5-77　马牙豌豆（2011621009）

5.78 三棱豆

调查编号：2011621185　　　　　物种名称：山鳖豆

收集时间：2011 年　　　　　　　收集地点：甘肃省白银市会宁县中川镇

主要特征特性：全生育期 134d，株高 83cm，主茎分枝数 8，主茎节数 21，单株荚数 7，荚长 3.8cm，荚宽 1.6cm，单荚粒数 4，粒形马牙形，粒色白色，百粒重 19.6g。高产、优质，抗旱，抗白粉病，抗蚜虫。

图 5-78　三棱豆（2011621185）

5.79 饭豆

调查编号：2012621204　　　　　物种名称：豇豆

收集时间：2012 年　　　　　　　收集地点：甘肃省武威市民勤县东坝镇

主要特征特性：全生育期 129d，无限生长习性，无限结荚习性，荚长 45.2cm，荚宽 1.0cm，单荚粒数 16.7，粒色黑色，百粒重 13.4g。在当地优质，耐贫瘠。

图 5-79　饭豆（2012621204）

5.80 902jj

调查编号：2014621010　　　　物种名称：棉花

收集时间：2014 年　　　　　　收集地点：甘肃省酒泉市敦煌市肃州镇

主要特征特性：全生育期 135d，株高 72cm，叶片鸡脚形，种子绒毛白色，果枝数 9.3，铃重 5.1g，单株铃数 7.6，衣分 37.5%，子指 9.5g，跨距长度 28.6mm，抗倒伏，抗枯萎病。

图 5-80　902jj〔2014621010〕

5.81 矮秆高粱

调查编号：2012621063　　　　物种名称：高粱

收集时间：2012 年　　　　　　收集地点：甘肃省武威市民勤县东湖镇

主要特征特性：全生育期 141d，株高 108cm，分蘖强，主茎节数 7，茎粗 1.3cm，主穗长 32cm，穗形纺锤形。可酿酒用或饲用。

图 5-81　矮秆高粱〔2012621063〕

5.82 扫帚高粱

调查编号：2013621120　　　物种名称：高粱

收集时间：2013 年　　　收集地点：甘肃省酒泉市敦煌市肃州镇

主要特征特性：全生育期 139d，株高 331cm，分蘖中等，主茎节数 9，茎粗 1.4cm，主穗长 25cm，穗形帚形。抗倒伏，果穗用丁制作扫帚，茎秆和籽粒用作饲料。

图 5-82　扫帚高粱（2013621120）

5.83 甜美南瓜

调查编号：2012621080　　　物种名称：南瓜

收集时间：2012 年　　　收集地点：甘肃省武威市民勤县东湖镇

主要特征特性：全生育期 104d，无限生长习性，分枝性强，老瓜肉色金黄，肉质致密，风味微甜。

图 5-83　甜美南瓜（2012621080）

5.84 南瓜

调查编号：2013621121　　　　　物种名称：南瓜

收集时间：2013 年　　　　　　收集地点：甘肃省酒泉市敦煌市肃州镇

主要特征特性：全生育期 104d，无限生长习性，分枝性强，主蔓结瓜习性，老瓜肉色金黄，肉质致密，风味微甜。

图 5-84　南瓜〔2013621121〕

5.85 葫芦

调查编号：2012621327　　　　　物种名称：西葫芦

收集时间：2012 年　　　　　　收集地点：甘肃省武威市古浪县土门镇

主要特征特性：全生育期 120d，蔓生生长习性，分枝性强，主蔓 / 侧蔓结瓜习性，老瓜肉色橙黄，肉质致密，风味微甜，抗病。

图 5-85　葫芦〔2012621327〕

5.86 葫芦

调查编号：2012621416　　　　物种名称：西葫芦

收集时间：2012 年　　　　　　收集地点：甘肃省兰州市永登县七山乡

主要特征特性：全生育期 120d，蔓生生长习性，分枝性强，主蔓 / 侧蔓结瓜习性，老瓜肉色橙黄，肉质致密，风味微甜，单瓜重 1.7kg，抗病。

 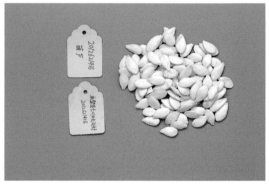

图 5-86　葫芦（2012621416）

5.87 老汉烟

调查编号：2012621121　　　　物种名称：烟草

收集时间：2012 年　　　　　　收集地点：甘肃省武威市民勤县东湖镇

主要特征特性：全生育期 116d，株高 93cm，叶长 21cm，叶宽 25cm，花黄色，种子褐色。抗青枯病、抗普通花叶病，成熟收获后被制作成烟叶，供当地老人用。

图 5-87　老汉烟（2012621121）

第 6 章

青海省抗逆农作物种质资源多样性

6.1 阿勃

调查编号：2012631008　　　物种名称：小麦
收集时间：2012 年　　　收集地点：青海省化隆县
主要特征特性：高产、抗倒伏、广适；幼苗半匍匐，苗叶深绿色，叶无毛，有淡黄色斑点。

图 6-1　阿勃（2012631008）

6.2 互助红

调查编号：2013631051　　　物种名称：小麦

收集时间：2013 年　　　　　收集地点：青海省互助县

主要特征特性：弱冬性，晚熟。根系发达，分蘖力强。耐旱，耐寒，适应性广，抗白秆病。

图 6-2　互助红（2013631051）

6.3 小红麦

调查编号：2012631233　　　物种名称：小麦

收集时间：2012 年　　　　　收集地点：青海省都兰县

主要特征特性：抗旱、耐寒、耐贫瘠、优质，感染条锈病和腥黑穗病，抗盐碱能力弱，但抗根腐病。

图 6-3　小红麦（2012631233）

6.4 循化洋麦子

调查编号：2016631240　　　　物种名称：小麦
收集时间：2016 年　　　　　　收集地点：青海省循化县
主要特征特性：长麦芒，芒色黑白间杂，一般亩产大约 200kg，抗病但不抗倒伏。

图 6-4　循化洋麦子（2016631240）

6.5 小麦晋七一

调查编号：2011631037　　　　物种名称：小麦
收集时间：2011 年　　　　　　收集地点：青海省贵德县
主要特征特性：优质、抗旱、耐贫瘠。

图 6-5　小麦晋七一（2011631037）

6.6 尕吾昂阿勃

调查编号：2011631099 　　　　物种名称：小麦

收集时间：2011 年 　　　　收集地点：青海省尖扎县

主要特征特性：优质、抗旱、耐贫瘠。

图 6-6　尕吾昂阿勃（2011631099）

6.7 甘保

调查编号：2012631237 　　　　物种名称：小麦

收集时间：2012 年 　　　　收集地点：青海省称多县

主要特征特性：优质、抗旱、耐贫瘠。

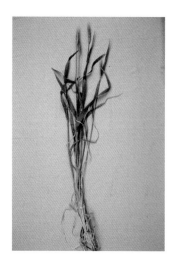

图 6-7　甘保（2012631237）

6.8 肚里黄

调查编号：2013631109　　　　物种名称：青稞

收集时间：2013 年　　　　　　收集地点：青海省贵南县

主要特征特性：优良农家品种，适应性广、抗逆性强、农艺性状好，是青海省青稞育种的骨干种质材料。

图 6-8　肚里黄（2013631109）

6.9 瓦蓝

调查编号：2013631111　　　　物种名称：青稞

收集时间：2013 年　　　　　　收集地点：青海省互助县

主要特征特性：耐贫瘠、耐寒、抗旱。

图 6-9　瓦蓝（2013631111）

6.10 黑老鸦

调查编号：2016631001　　　物种名称：青稞

收集时间：2016 年　　　　　收集地点：青海省门源县

主要特征特性：抗寒、广适、耐贫瘠，籽粒分紫、黑两色；春性强，特早熟；分蘖力强。

图 6-10　黑老鸦（2016631001）

6.11 小红谷

调查编号：2011631127　　　物种名称：谷子

收集时间：2011 年　　　　　收集地点：青海省民和县

主要特征特性：抗旱、抗病、耐瘠。

图 6-11　小红谷（2011631127）

6.12 红谷子

调查编号：2012631029　　　　物种名称：谷子
收集时间：2012 年　　　　　　收集地点：青海省循化县
主要特征特性：抗旱、抗病。

图 6-12　红谷子（2012631029）

6.13 小谷子

调查编号：2012631046　　　　物种名称：谷子
收集时间：2012 年　　　　　　收集地点：青海省民和县
主要特征特性：抗旱、耐瘠薄、抗病；植株中等；对长日照及光照反应不敏感。

图 6-13　小谷子（2012631046）

6.14 谷子

调查编号：2012631216 物种名称：谷子

收集时间：2012 年 收集地点：青海省民和县

主要特征特性：抗旱、抗病。

图 6-14 谷子（2012631216）

6.15 燕麦

调查编号：2013631130 物种名称：燕麦

收集时间：2013 年 收集地点：青海省大通县

主要特征特性：抗旱、耐瘠、耐病。

图 6-15 燕麦（2013631130）

6.16 荞麦

调查编号：2012631027　　　　物种名称：荞麦

收集时间：2012 年　　　　　　收集地点：青海省循化县

主要特征特性：抗旱、耐瘠，全生育期短。

图 6-16　荞麦（2012631027）

6.17 祁连八宝小油菜

调查编号：2012631077　　　　物种名称：油菜

收集时间：2012 年　　　　　　收集地点：青海省门源县

主要特征特性：白菜型群体品种，包含有 10 多种植株类型。春性很强，全生育期短，抗逆性强。能耐低温阴湿，抗寒、抗风，耐涝、耐粗放栽培，雹后恢复生长快，是减灾避灾的良好作物。

图 6-17　祁连八宝小油菜（2012631077）

6.18 大黄菜籽

调查编号：2014631004　　　　物种名称：油菜

收集时间：2014 年　　　　　　收集地点：青海省贵德县

主要特征特性：耐盐碱、抗倒伏，种子近圆球形，种皮黄色，粒特大，千粒重 5~7g。

图 6-18　大黄菜籽（2014631004）

6.19 胡麻

调查编号：2011631018　　　　物种名称：亚麻

收集时间：2011 年　　　　　　收集地点：青海省贵德县

主要特征特性：一年生栽培草本植物。具有早熟、丰产、优质、抗枯萎病、抗倒伏、适应性广等特点，胡麻籽含油率为 36%~45%，是品位较高的食用油，其中亚油酸 16.7%、α-亚麻酸 40%~60%，还含有人体必需的 8 种氨基酸、3 种维生素（A、E、B₁）和 8 种微量元素。

图 6-19　胡麻（2011631018）

6.20 湟源马牙

调查编号：2016631003　　　　物种名称：蚕豆

收集时间：2016 年　　　　　　收集地点：青海省湟源县

主要特征特性：具有耐寒、耐旱和耐肥等特性。粒大饱满，品质佳。

图 6-20　湟源马牙（2016631003）

6.21 青海尕大豆

调查编号：2013631115　　　　物种名称：蚕豆

收集时间：2013 年　　　　　　收集地点：青海省互助县

主要特征特性：优质、抗旱、抗寒抗病，分白粒、紫粒两种类型。植株较矮，株型紧凑，早熟，不倒伏，不易裂荚。

图 6-21　青海尕大豆（2013631115）

6.22 麻豌豆

调查编号：2013631001　　　　物种名称：豌豆

收集时间：2013 年　　　　　　收集地点：青海省互助县

主要特征特性：开花结荚以后易倒伏，苗期阶段抗旱力较强，现蕾开花以后不太抗旱，耐瘠性较好，较抗根腐病。系青海省优良农家品种。

图 6-22　麻豌豆（2013631001）

6.23 下寨 65

调查编号：2016631011　　　　物种名称：马铃薯

收集时间：2016 年　　　　　　收集地点：青海省互助县

主要特征特性：属晚熟丰产型品种，适应性比较广。结薯较集中，薯块较整齐。休眠期长，耐储藏。抗卷叶病，中抗晚疫病、黑胫病、环腐病，轻感花叶病。

图 6-23　下寨 65（2016631011）

6.24 红头冬萝卜

调查编号：2013630504　　　　物种名称：萝卜

收集时间：2013 年　　　　　　收集地点：青海省湟中县

主要特征特性：耐寒，肉质细腻、口感松脆，水分多，纤维少，产品品质好；叶柄紫红色、肉质根长圆柱，皮上半部呈紫红色，下半部白色。皮光滑，肉白色。

图 6-24　红头冬萝卜（2013630504）

6.25 乐都绿萝卜

调查编号：2013630505　　　　物种名称：萝卜

收集时间：2013 年　　　　　　收集地点：青海省海东市乐都区

主要特征特性：耐裂根、耐储藏。

图 6-25　乐都绿萝卜（2013630505）

6.26 一品腊胡萝卜

调查编号：2013630510　　　　物种名称：胡萝卜

收集时间：2013 年　　　　　　收集地点：青海省大通县

主要特征特性：耐寒性和耐旱性较强，播种过早易抽薹。

图 6-26　一品腊胡萝卜（2013630510）

6.27 西宁莴苣

调查编号：2013630524　　　　物种名称：莴苣

收集时间：2013 年　　　　　　收集地点：青海省湟中县

主要特征特性：株高 47cm，肉质茎长棍棒形。早熟、喜冷凉、抗寒。肉质清香脆嫩，品质好，生熟均可食用。

图 6-27　西宁莴苣（2013630524）

6.28 西宁菜豆

调查编号：2013630532　　　　物种名称：普通菜豆

收集时间：2013 年　　　　　　收集地点：青海省大通县

主要特征特性：植株蔓生，搭架栽培。老熟后果荚呈棕黄色，种子白色，适宜于春季播种，较耐炭疽病、锈病，不耐低温。

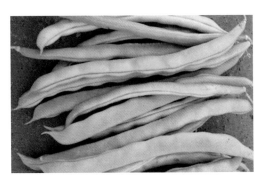

图 6-28　西宁菜豆（2013630532）

6.29 乐都长辣椒

调查编号：2013630539　　　　物种名称：辣椒

收集时间：2013 年　　　　　　收集地点：青海省海东市乐都区

主要特征特性：中晚熟品种，果实香辣适中，耐热、耐寒性中等。

图 6-29　乐都长辣椒（2013630539）

6.30 循化线椒

调查编号：2013630540　　　　物种名称：辣椒
收集时间：2013 年　　　　　　收集地点：青海省循化县
主要特征特性：是青海黄河谷地撒拉族人民在长期生产实践中，逐步培育筛选的一个优良特色作物品种。浆果细长，三弯一勾，匀称得体，具有色红、肉厚、味香、耐储存、清香味醇、可口不辣和较好的观感性等特点。

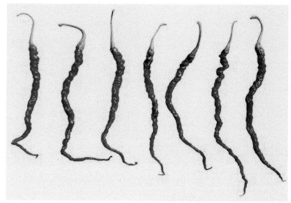

图 6-30　循化线椒（2013630540）

6.31 西宁韭菜

调查编号：2013630541　　　　物种名称：韭菜
收集时间：2013 年　　　　　　收集地点：青海省湟中县
主要特征特性：辛香味浓。

图 6-31　西宁韭菜（2013630541）

6.32 鸡腿红葱

调查编号：2013630543　　　　物种名称：葱

收集时间：2013 年　　　　　　收集地点：青海省大通县

主要特征特性：耐寒性强，较抗旱，耐储藏。较抗病，根蛆危害较轻。

图 6-32　鸡腿红葱（2013630543）

6.33 红皮大蒜

调查编号：2013630544　　　　物种名称：蒜

收集时间：2013 年　　　　　　收集地点：青海省海东市乐都区

主要特征特性：植株长势强，假茎紫红带绿色，蒜头高圆形，蒜瓣大，辛辣味浓，耐储存，品质优。

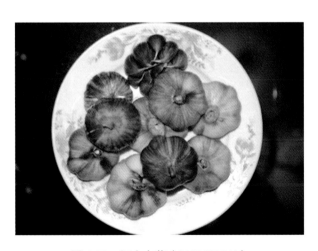

图 6-33　红皮大蒜（2013630544）

6.34 芜菁甘蓝

调查编号：2012631246　　　　物种名称：甘蓝

收集时间：2012 年　　　　收集地点：青海省果洛州玛可河林场

主要特征特性：抗寒耐旱、耐贫瘠，不易抽薹，耐储藏，可腌渍食用，也可作家畜饲料，是青海省青南高寒地区藏族群众主要的菜用作物。

图 6-34　芜菁甘蓝（2012631246）

6.35 甜萝卜

调查编号：2011631115　　　　物种名称：甜菜

收集时间：2011 年　　　　收集地点：青海省民和县

主要特征特性：优质、抗旱、抗病。

图 6-35　甜萝卜（2011631115）

6.36 糖芥

调查编号：2011631070　　　　物种名称：糖芥
收集时间：2011 年　　　　　　收集地点：青海省贵德县
主要特征特性：抗旱、抗病。

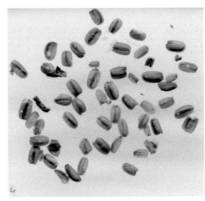

图 6-36　糖芥（2011631070）

6.37 辣芥

调查编号：2012631214　　　　物种名称：芥菜
收集时间：2012 年　　　　　　收集地点：青海省民和县
主要特征特性：优质、抗病。

图 6-37　辣芥（2012631214）

6.38 蕨麻

调查编号：2016631008　　　　物种名称：蕨麻

收集时间：2016 年　　　　　　收集地点：青海省大通县

主要特征特性：蕨麻是青藏高原特有的野生经济植物，属蔷薇科委陵菜属，是鹅绒委陵菜的变种，多年生草本，块根膨大可食用。青海蕨麻分布最广，产量最高，品质最好。

图 6-38　蕨麻（2016631008）

6.39 野生黑枸杞

调查编号：2014631021　　　　物种名称：黑果枸杞

收集时间：2014 年　　　　　　收集地点：青海省德令哈市

主要特征特性：优质、抗旱、耐盐碱；小灌木，株高 15~40cm。浆果完全成熟后黑紫色，球形，径约 4mm；种子肾形，褐色。

图 6-39　野生黑枸杞（2014631021）

6.40 甘草

调查编号：2011631017　　　　物种名称：甘草

收集时间：2011 年　　　　　　收集地点：青海省贵德县

主要特征特性：抗病、抗旱、耐贫瘠。

图 6-40　甘草（2011631017）

6.41 贵德长把梨

调查编号：2012630501　　　　物种名称：新疆梨

收集时间：2012 年　　　　　　收集地点：青海省贵德县

主要特征特性：新疆地方品种，有健胃、化痰、止咳等功效，生于海拔 1900~2400m 的河谷、阶地，是青海省当地的重要经济果木。

图 6-41　贵德长把梨（2012630501）

6.42 同仁黄果梨

调查编号：2016631013　　　　物种名称：白梨

收集时间：2016 年　　　　　　收集地点：青海省同仁县年都乎乡

主要特征特性：抗逆性强，适口性好，优良砧木。果肉酸甜，含有 17 种氨基酸及微量元素，具有清凉、解毒、降压、镇咳、利肺等功效。

图 6-42　同仁黄果梨（2016631013）

6.43 软儿梨

调查编号：2012630502　　　　物种名称：秋子梨

收集时间：2012 年　　　　　　收集地点：青海省贵德县

主要特征特性：优质、广适。

图 6-43　软儿梨（2012630502）

6.44 马奶头

调查编号：2012630505　　　　物种名称：秋子梨

收集时间：2012 年　　　　　　收集地点：青海省海东市乐都区

主要特征特性：高产、抗病、抗虫、抗旱、广适。

图 6-44　马奶头（2012630505）

6.45 冬果

调查编号：2012630504　　　　物种名称：白梨

收集时间：2012 年　　　　　　收集地点：青海省贵德县

主要特征特性：抗病、抗虫、抗旱、广适。

图 6-45　冬果（2012630504）

6.46 冬果梨

调查编号：2013630559　　　　物种名称：白梨
收集时间：2013 年　　　　　　收集地点：青海省民和县
主要特征特性：乔木，高 6m，极耐寒，果实卵圆形，分布于东部河湟流域地区。

图 6-46　冬果梨（2013630559）

6.47 窝梨

调查编号：2012630506　　　　物种名称：西洋梨
收集时间：2012 年　　　　　　收集地点：青海省乐都区
主要特征特性：抗病、抗虫、抗旱、广适。

图 6-47　窝梨（2012630506）

6.48 木梨

调查编号：2012630522　　　　物种名称：梨

收集时间：2012 年　　　　　　收集地点：青海省西宁市

主要特征特性：落叶乔木，高 5~8m，耐寒抗旱，适应性极强。

图 6-48　木梨（2012630522）

6.49 沙果

调查编号：2012630503　　　　物种名称：花红

收集时间：2012 年　　　　　　收集地点：青海省贵德县

主要特征特性：落叶小乔木，高 3~5m，早熟丰产，抗逆性强。

图 6-49　沙果（2012630503）

6.50 花檎

调查编号：2012630509　　　　物种名称：花红

收集时间：2012 年　　　　　　收集地点：青海省海东市乐都区

主要特征特性：抗旱、抗寒、抗病、耐贫瘠。

图 6-50　花檎（2012630509）

6.51 尖顶楸子

调查编号：2012630508　　　　物种名称：楸子

收集时间：2012 年　　　　　　收集地点：青海省海东市乐都区

主要特征特性：落叶乔木，高 6~8m，抗旱耐寒，适应性极广，优良砧木。

图 6-51　尖顶楸子（2012630508）

6.52 陕甘花楸

调查编号：2012630545　　　　物种名称：陕甘花楸

收集时间：2012 年　　　　　　收集地点：青海省循化县

主要特征特性：落叶乔木，抗寒，抗旱，耐瘠薄，抗病虫，适于山区和高寒区种植。

图 6-52　陕甘花楸（2012630545）

6.53 野生海棠

调查编号：2011631098　　　　物种名称：花叶海棠

收集时间：2011 年　　　　　　收集地点：青海省尖扎县

主要特征特性：本地固有种，落叶灌木或小乔木，高 1.5~2m，树势强健，抗寒，耐旱，耐瘠薄。

图 6-53　野生海棠（2011631098）

6.54 包谷杏

调查编号：2012630512　　　　物种名称：杏

收集时间：2012 年　　　　收集地点：青海省贵德县

主要特征特性：优质、抗病、抗虫、抗旱、广适。

图 6-54　包谷杏（2012630512）

6.55 沙枣

调查编号：2012630518　　　　物种名称：沙枣

收集时间：2012 年　　　　收集地点：青海省贵德县

主要特征特性：抗病、抗虫、抗旱、耐盐碱、耐贫瘠、广适。

图 6-55　沙枣（2012630518）

6.56 核桃

调查编号：2012630521　　　　物种名称：核桃

收集时间：2012 年　　　　　　收集地点：青海省贵德县

主要特征特性：树势强健，高 10m，核壳极薄如纸，核仁大部分外露。

图 6-56　核桃（2012630521）

6.57 鸡蛋皮核桃

调查编号：2012630529　　　　物种名称：核桃

收集时间：2012 年　　　　　　收集地点：青海省民和县

主要特征特性：树势强健，高大，产量较好，仁满味香，品质上等。

图 6-57　鸡蛋皮核桃（2012630529）

6.58 红樱桃

调查编号：2013630557　　　　物种名称：毛樱桃

收集时间：2013 年　　　　　　收集地点：青海省贵德县

主要特征特性：高产、抗病、抗虫、抗旱。

图 6-58　红樱桃（2013630557）

6.59 四萼猕猴桃

调查编号：2013630577　　　　物种名称：四萼猕猴桃

收集时间：2013 年　　　　　　收集地点：青海省循化县

主要特征特性：藤本，长 4~8m，花白或淡红色，成熟浆果为橘黄色，长卵圆形，分布于青海孟达林区。

图 6-59　四萼猕猴桃（2013630577）

6.60 桃儿七

调查编号：2012631244　　　　物种名称：桃儿七

收集时间：2012 年　　　　　　收集地点：青海省玛可河林场

主要特征特性：优质、抗旱、耐贫瘠、耐盐碱；多年生草本，产于青南 2800~3500m 高寒林区，根可入药。

图 6-60　桃儿七（2012631244）

6.61 楤木

调查编号：2012631245　　　　物种名称：楤木

收集时间：2012 年　　　　　　收集地点：青海省湟中群加林区

主要特征特性：小乔木，高 200~800cm，树皮灰色，疏生粗壮、直的皮刺；果球形，熟时黑色，宿存花柱离生或中部以下合生。

图 6-61　楤木（2012631245）

6.62 罗布麻

调查编号：2013631155　　　　物种名称：罗布麻

收集时间：2013 年　　　　　　收集地点：青海省格尔木市

主要特征特性：纤维用、药用、观赏用、优质、抗旱、耐贫瘠、耐盐碱，多年生草本，主产柴达木盆地海拔 2900~3000m 的沙地、盐碱地、湖泊边缘等。

图 6-62　罗布麻（2013631155）

6.63 荨麻

调查编号：2013631028　　　　物种名称：荨麻

收集时间：2013 年　　　　　　收集地点：青海省互助县

主要特征特性：多年生草本，雌雄同株（稀异株）。产海东、海北、黄南、玉树等地。生于海拔 2000~3000m 地带。

图 6-63　荨麻（2013631028）

6.64 野海茄

调查编号：2012631025　　　物种名称：野海茄
收集时间：2012 年　　　　　收集地点：青海省循化县
主要特征特性：耐贫瘠。

图 6-64　野海茄（2012631025）

6.65 红果白刺

调查编号：2012631120　　　物种名称：白刺
收集时间：2012 年　　　　　收集地点：青海省共和县
主要特征特性：抗旱、耐贫瘠。

图 6-65　红果白刺（2012631120）

6.66 狭果茶藨

调查编号：2013630568　　　　物种名称：狭果茶藨

收集时间：2013 年　　　　　　收集地点：青海省循化县

主要特征特性：落叶灌木，高 1.5~2m，叶心形，枝节上具皮刺，花瓣白色，幼果长椭圆形，生于海拔 2300~3280m 的山坡石隙。

图 6-66　狭果茶藨（2013630568）

6.67 峨眉蔷薇

调查编号：2013630581　　　　物种名称：峨眉蔷薇

收集时间：2013 年　　　　　　收集地点：青海省循化县

主要特征特性：落叶直立灌木，高 2~3m，具皮刺，花红色，果红色，生于 2300~2700m 林下。

图 6-67　峨眉蔷薇（2013630581）

6.68 梭罗草

调查编号：2012631147　　　　物种名称：梭罗草

收集时间：2012 年　　　　　　收集地点：青海省三江源及可可西里地区

主要特征特性：多年生，秆丛生，高 5~25cm，小穗常偏于穗轴一侧，颖背面密生长柔毛，生于海拔 3700~5000m 的山坡草地、谷底多沙处以及河岸坡地、滩地，具有抗旱、耐贫瘠特性，是三江源区高寒草地重要生态草种和远缘种质材料。

图 6-68　梭罗草（2012631147）

6.69 梭罗草

调查编号：2012631151　　　　物种名称：梭罗草

收集时间：2012 年　　　　　　收集地点：青海省治多县

主要特征特性：优质、抗旱、耐贫瘠。

图 6-69　梭罗草（2012631151）

6.70 扁穗冰草

调查编号：2013631075　　　　物种名称：冰草

收集时间：2013　　　　　　　收集地点：青海省祁连县

主要特征特性：优质、抗寒、抗旱；生长势强，再生性好，植株高大，茎叶繁茂，是高寒、干旱及半干旱草原广泛适用的草种。

图 6-70　扁穗冰草（2013631075）

6.71 冰草

调查编号：2012631122　　　　物种名称：冰草

收集时间：2012 年　　　　　　收集地点：青海省共和县

主要特征特性：多年生，高 10~60cm，穗状花序直立、扁平，颖背部密被柔毛，生于海拔 2800~4500m 的干燥山坡、草滩、沙地、山谷和湖岸，抗旱、耐贫瘠，可做优质牧草和远缘种质材料。

图 6-71　冰草（2012631122）

6.72 大颖草

调查编号：2012631132　　　　物种名称：大颖草

收集时间：2012 年　　　　　　收集地点：青海省共和县

主要特征特性：多年生，高 30~90cm，穗状花序下垂、疏松，长 5~9cm，穗轴多弯折，小穗绿色或微带紫色，颖无毛或上部疏生柔毛，花果期 7~9 月，生于海拔 2300~4100m 草地、沙丘、湖岸、河滩，抗旱、耐寒、耐盐碱，可做优质牧草和远缘种质材料。

图 6-72　大颖草（2012631132）

6.73 短白大颖草

调查编号：2012631113　　　　物种名称：大颖草

收集时间：2012 年　　　　　　收集地点：青海省贵德县

主要特征特性：抗旱、耐寒、耐盐碱。

图 6-73　短白大颖草（2012631113）

6.74 长紫大颖草

调查编号：2012631114　　　　物种名称：大颖草

收集时间：2012 年　　　　　　收集地点：青海省贵德县

主要特征特性：抗旱、耐寒、耐盐碱。

图 6-74　长紫大颖草（2012631114）

6.75 糙毛以礼草

调查编号：2011631089　　　　物种名称：糙毛以礼草

收集时间：2011 年　　　　　　收集地点：青海省贵德县

主要特征特性：多年生，高 30~70cm，穗状花序直立、紧密，长 4~6cm，穗轴密被柔毛，小穗有时带紫色，生于海拔 3000~4300m 山坡、草地、河滩、湖岸，可做优质牧草和远缘种质材料。

图 6-75　糙毛以礼草（2011631089）

6.76 疏花以礼草

调查编号：2011631065　　　物种名称：疏花以礼草
收集时间：2011 年　　　　　收集地点：青海省贵德县
主要特征特性：多年生，高 50~110cm，穗状花序下垂、疏松，长 6~16cm，生于河谷、林缘，优质、抗旱、耐贫瘠、耐盐碱。

图 6-76　疏花以礼草（2011631065）

6.77 窄颖以礼草

调查编号：2012631100　　　物种名称：窄颖以礼草
收集时间：2012 年　　　　　收集地点：青海省尖扎县
主要特征特性：多年生，高 40~100cm，穗状花序疏松、下垂，有时带紫色，颖顶端具短芒或短尖头，外稃芒长 5~15mm，生于海拔 3200~4300m 的河滩沙地、阳坡，具有抗旱、耐贫瘠特性，可做优良牧草。

图 6-77　窄颖以礼草（2012631100）

6.78 单花新麦草

调查编号：2012631095 物种名称：单花新麦草
收集时间：2012 年 收集地点：青海省西宁市
主要特征特性：多年生，秆丛生，高 35~70cm，穗状花序直立，长 5~10cm，宽6~8mm，小穗排列紧密，成熟后易掉穗，生于海拔 2100~3200m 的山坡、河岸、田埂，具有抗旱、耐贫瘠特性，可做优质牧草和远缘种质材料。

图 6-78 单花新麦草（2012631095）

6.79 赖草

调查编号：2012631160 物种名称：赖草
收集时间：2012 年 收集地点：青海省格尔木市
主要特征特性：优质、抗旱、耐贫瘠；青海境内分布广，种类多，有 8 个种，适应性和生长势非常强。

图 6-79 赖草（2012631160）

6.80 柴达木赖草

调查编号：2012631165　　　　物种名称：柴达木赖草

收集时间：2012 年　　　　　　收集地点：青海省格尔木市

主要特征特性：抗旱、耐贫瘠。

图 6-80　柴达木赖草（2012631165）

6.81 紫大麦草

调查编号：2014631009　　　　物种名称：紫大麦草

收集时间：2014 年　　　　　　收集地点：青海省格尔木市

主要特征特性：多年生，高 30~70cm，穗状花序长 4~7cm，绿色或带紫色，耐瘠薄、耐盐碱，适应性较强，可做优良草种和远缘种质材料。

图 6-81　紫大麦草（2014631009）

6.82 野生大麦草

调查编号：2013631019　　　　物种名称：芒颖大麦草

收集时间：2013 年　　　　　　收集地点：青海省海东市平安区

主要特征特性：越年生，秆丛生，高可达 45cm，穗状花序柔软，穗轴成熟时逐节断落，两颖为长 5~6cm 弯软细芒状，花果期 5~8 月，生长于路旁或田野，耐盐碱。

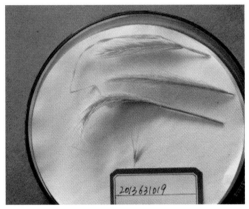

图 6-82　野生大麦草（2013631019）

6.83 微孔草

调查编号：2013631041　　　　物种名称：微孔草

收集时间：2013 年　　　　　　收集地点：青海省门源县

主要特征特性：紫草科微孔草属二年生草本植物，其中 26 种为我国特有种，主要分布在青藏高原及其毗邻高寒地区。种子 γ-亚麻酸含量高。

图 6-83　微孔草（2013631041）

6.84 狗尾草

调查编号：2011631108　　　　物种名称：狗尾草
收集时间：2011 年　　　　　　收集地点：青海省民和县
主要特征特性：一年生，秆直立或基部膝曲，高 10~50cm，圆锥花序紧密呈圆柱形，直立或微弯垂，颖果灰白色，分布于海拔 1800~3600m 的山坡、河滩、田边，抗旱，可做牧草。

图 6-84　狗尾草（2011631108）

6.85 狗尾草

调查编号：2012631011　　　　物种名称：狗尾草
收集时间：2012 年　　　　　　收集地点：青海省化隆县
主要特征特性：优质、抗旱。

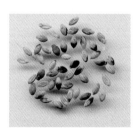

图 6-85　狗尾草（2012631011）

6.86 虎尾草

调查编号：2012631012　　　　物种名称：虎尾草

收集时间：2012 年　　　　　　收集地点：青海省化隆县

主要特征特性：一年生，高 10~35cm，穗状花序 5~10 余枚，指状着生于秆顶，并拢成毛刷状，成熟时带紫色，生于海拔 1850~2600m 的路旁荒野、河岸沙地。

图 6-86　虎尾草（2012631012）

6.87 光穗鹅观草

调查编号：2012631056　　　　物种名称：光穗鹅观草

收集时间：2012 年　　　　　　收集地点：青海省海东市乐都区

主要特征特性：多年生，高 50~60cm，穗状花序疏松，小穗与穗轴贴生，分布于西宁、乐都，抗旱，可做牧草。

图 6-87　光穗鹅观草（2012631056）

6.88 垂穗鹅观草

调查编号：2012631139　　　　物种名称：垂穗鹅观草
收集时间：2012 年　　　　　　收集地点：青海省湟中县
主要特征特性：多年生，秆丛生，高 20~60cm，穗状花序弯折、下垂，常带紫色，长 3~7cm，分布广泛，耐贫瘠，可做优质牧草和远缘种质材料。

图 6-88　垂穗鹅观草（2012631139）

6.89 垂穗鹅观草

调查编号：2012631019　　　　物种名称：垂穗鹅观草
收集时间：2012 年　　　　　　收集地点：青海省化隆县
主要特征特性：抗旱、耐贫瘠，优质牧草。

图 6-89　垂穗鹅观草（2012631019）

6.90 扭轴鹅观草

调查编号：2013631059　　　　物种名称：扭轴鹅观草

收集时间：2013 年　　　　　　收集地点：青海省祁连县

主要特征特性：多年生，秆疏丛，高 25~60cm，穗轴下部或基部常扭曲，小穗单生，常偏于穗轴一侧，生于山坡、草甸、河滩，抗旱、耐贫瘠。

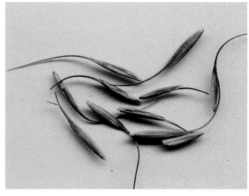

图 6-90　扭轴鹅观草（2013631059）

6.91 长芒草

调查编号：2012631070　　　　物种名称：长芒草

收集时间：2012 年　　　　　　收集地点：青海省平安县

主要特征特性：多年生，秆紧密丛生，高 20~50cm，圆锥花序长 10~20cm，抗旱，耐贫瘠。

图 6-91　长芒草（2012631070）

6.92 长紫穗老芒麦

调查编号：2012631137　　　　物种名称：老芒麦

收集时间：2012 年　　　　　　收集地点：青海省湟中县

主要特征特性：多年生，高 50~100cm，穗状花序疏松、下垂，长 10~25cm，穗轴细弱，芒长 10~20mm，抗旱，耐贫瘠，可做优质牧草和远缘种质材料。

图 6-92　长紫穗老芒麦（2012631137）

6.93 长紫穗老芒麦

调查编号：2012631124　　　　物种名称：老芒麦

收集时间：2012 年　　　　　　收集地点：青海省共和县

主要特征特性：抗旱，耐贫瘠，优质牧草。

图 6-93　长紫穗老芒麦（2012631124）

6.94 青藏苔草

调查编号：2012631149　　　　物种名称：青藏苔草
收集时间：2012 年　　　　　　收集地点：青海省格尔木市
主要特征特性：多年生，根状茎匍匐、粗壮，秆高 10~25cm，三棱形，小穗 4~5 个，紧密，小坚果倒卵形，有三棱，花果期 6~8 月，分布广泛，生于海拔 2100~4900m 的河漫滩、湖边湿沙地、阴坡潮湿处，系优良牧草。

图 6-94　青藏苔草（2012631149）

6.95 青藏苔草

调查编号：2012631153　　　　物种名称：青藏苔草
收集时间：2012 年　　　　　　收集地点：青海省治多县
主要特征特性：抗旱，耐瘠薄，耐盐碱。

图 6-95　青藏苔草（2012631153）

6.96 圆柱披碱草

调查编号：2012631057　　物种名称：圆柱披碱草

收集时间：2012 年　　收集地点：青海省海东市乐都区

主要特征特性：多年生，秆单生或疏丛，细弱，高 40~75cm，穗状花序直立，细狭，带紫色，长 7~12cm，耐寒，耐贫瘠，可做优良牧草和远缘种质材料。

图 6-96　圆柱披碱草（2012631057）

6.97 无芒垂穗披碱草

调查编号：2012631111　　物种名称：垂穗披碱草

收集时间：2012 年　　收集地点：青海省贵德县

主要特征特性：多年生，产全省各地，生长势强，系优良牧草。

图 6-97　无芒垂穗披碱草（2012631111）

6.98 紫长芒垂穗披碱草

调查编号：2012631112　　　　　物种名称：垂穗披碱草

收集时间：2012 年　　　　　　　收集地点：青海省贵德县

主要特征特性：抗旱、耐寒、耐瘠薄，可做优良牧草和远缘种质材料。

图 6-98　紫长芒垂穗披碱草（2012631112）

6.99 臭草

调查编号：2012631090　　　　　物种名称：臭草

收集时间：2012 年　　　　　　　收集地点：青海省化隆县

主要特征特性：抗旱、耐贫瘠。

图 6-99　臭草（2012631090）

6.100 短柄草

调查编号：2012631101　　　　物种名称：短柄草

收集时间：2012 年　　　　　　收集地点：青海省尖扎县

主要特征特性：多年生，秆疏丛，直立，高 50~70cm，小穗长约 2cm，花果期 7~9 月，生于山坡，林下，耐贫瘠，可做优良牧草。

图 6-100　短柄草（2012631101）

6.101 短柄草

调查编号：2012631135　　　　物种名称：短柄草

收集时间：2012 年　　　　　　收集地点：青海省湟中县

主要特征特性：抗旱、耐贫瘠。

图 6-101　短柄草（2012631135）

6.102 紫花针茅

调查编号：2012631133　　　　物种名称：紫花针茅

收集时间：2012 年　　　　　　收集地点：青海省共和县

主要特征特性：多年生，高 20~40cm，总状花序长可达 15cm，小穗呈紫色，颖披针形，长 13~18cm，生于高山山坡草甸、河谷阶地，抗旱，耐贫瘠。

图 6-102　紫花针茅（2012631133）

6.103 无芒稗

调查编号：2013631035　　　　物种名称：无芒稗

收集时间：2013 年　　　　　　收集地点：青海省西宁市

主要特征特性：抗旱。

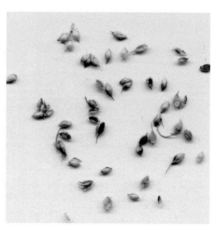

图 6-103　无芒稗（2013631035）

第 7 章

新疆维吾尔自治区抗逆农作物种质资源多样性

7.1 春麦

调查编号：2012651015　　　　物种名称：小麦

收集时间：2012 年　　　　收集地点：新疆和田地区策勒县乌鲁克萨依乡

主要特征特性：穗形纺锤形，秆紫色，芒形无或短，颖壳红色，护颖长方形，粒色白色，硬粒型。株高 98cm，穗长 9.6cm，穗粒数 51.8 粒，穗粒重 2.1g，千粒重 35.6g，抗倒伏性强，抗旱性极强。

图 7-1　春麦（2012651015）

7.2 春麦

调查编号：2012651027　　　　物种名称：小麦

收集时间：2012 年　　　　　　收集地点：新疆和田地区策勒县乌鲁克萨依乡

主要特征特性：穗形纺锤形，茎秆黄色，芒形无，颖壳白色，护颖卵形，籽粒红色，硬粒型。株高 98cm，穗长 9.6cm，穗粒数 25.5 粒，穗粒重 1.1g，千粒重 29.3g，抗倒伏性中。

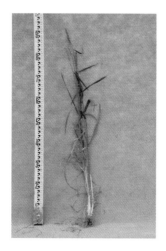

图 7-2　春麦〔2012651027〕

7.3 春麦

调查编号：2012651029　　　　物种名称：小麦

收集时间：2012 年　　　　　　收集地点：新疆和田地区策勒县乌鲁克萨依乡

主要特征特性：穗形长方形，茎秆黄色，芒形长，颖壳白色，护颖长方形，籽粒红色，硬粒型。株高 77cm，穗长 9.0cm，穗粒数 34.5 粒，穗粒重 1.9g，千粒重 45.2g，抗倒伏性强。

图 7-3　春麦〔2012651029〕

7.4 春麦

调查编号：2013651035　　　　物种名称：小麦

收集时间：2013 年　　　　收集地点：新疆哈密地区巴里坤县红山农场

主要特征特性：幼苗习性半匍匐，蜡质轻，株型中等。株高 123cm，穗长 5.4cm，穗粒数 36.5 粒，穗粒重 0.8g，单株生物学产量 6.5g。

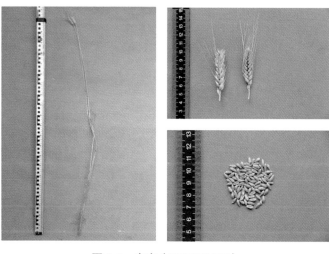

图 7-4　春麦（2013651035）

7.5 春麦

调查编号：2013651049　　　　物种名称：小麦

收集时间：2013 年　　　　收集地点：新疆哈密地区巴里坤县大河镇

主要特征特性：幼苗习性半匍匐，蜡质轻，株型中等。株高 120cm，穗长 7.0cm，穗粒数 29.0 粒，穗粒重 1.0g，单株生物学产量 9.2g。抗旱性强。

图 7-5　春麦（2013651049）

7.6 春麦

调查编号：2013651050　　　　物种名称：小麦

收集时间：2013 年　　　　　　收集地点：新疆哈密地区巴里坤县大河镇

主要特征特性：幼苗习性半匍匐，蜡质重，株型紧凑。株高 82cm，穗长 10.0cm，穗粒数 46.4 粒，穗粒重 2.0g，单株生物学产量 11.2g。

图 7-6　春麦（2013651050）

7.7 春麦

调查编号：2013651221　　　　物种名称：小麦

收集时间：2013 年　　　　　　收集地点：新疆昌吉州木垒县照壁山乡

主要特征特性：株高 96cm，穗长 9.2cm，穗粒数 41.5 粒，籽粒饱满，穗粒重 1.4g，千粒重 35.64g，抗倒伏性强，抗旱性极强。

图 7-7　春麦（2013651221）

7.8 红壳春麦

调查编号：2012651030　　　　物种名称：小麦

收集时间：2012 年　　　　　　收集地点：新疆和田地区策勒县乌鲁克萨依乡

主要特征特性：穗形纺锤形，茎秆黄色，芒形短，颖壳红色，护颖卵形，籽粒白色，半硬粒型。株高 91cm，穗长 9.0cm，穗粒数 53.5 粒，穗粒重 1.8g，千粒重 40.8g，抗倒伏性弱。

图 7-8　红壳春麦（2012651030）

7.9 红壳春麦

调查编号：2013651051　　　　物种名称：小麦

收集时间：2013 年　　　　　　收集地点：新疆哈密地区巴里坤县大河镇

主要特征特性：幼苗习性半匍匐，蜡质轻，株型中等。株高 115cm，穗长 4.4cm，穗粒数 36.0 粒，穗粒重 0.9g，单株生物学产量 7.0g。

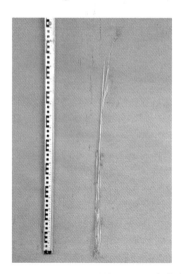

图 7-9　红壳春麦（2013651051）

7.10 白春麦

调查编号：2012651061 　　　物种名称：小麦

收集时间：2012 年 　　　收集地点：新疆阿克苏地区拜城县老虎台乡

主要特征特性：穗形纺锤形，茎秆黄色，芒形长，颖壳白底黑花（边）或白，护颖卵形，籽粒白色，硬粒型。株高 76.2cm，穗长 8.8cm，穗粒数 38.0 粒，穗粒重 2.1g，千粒重 44.6g，抗倒伏性强。

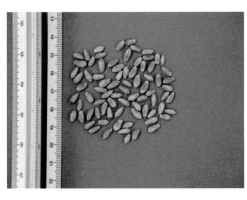

图 7-10 　白春麦（2012651061）

7.11 短芒春麦

调查编号：2012651119 　　　物种名称：小麦

收集时间：2012 年 　　　收集地点：新疆巴音郭楞蒙古自治州且末县琼库勒乡

主要特征特性：幼苗习性半匍匐，蜡质重，株型中等。株高 99cm，穗长 6.8cm，穗粒数 37.6 粒，穗粒重 1.7g，单株生物学产量 10.8g。

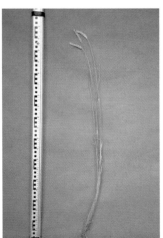

图 7-11 　短芒春麦（2012651119）

7.12 密穗春麦

调查编号：2013651241　　　　物种名称：小麦

收集时间：2013 年　　　　　　收集地点：新疆哈密地区巴里坤县石人子乡

主要特征特性：幼苗习性半匍匐，蜡质重，株型中等。株高 120cm，穗长 5.0cm，穗粒数 48.2 粒，穗粒重 1.4g，单株生物学产量 10.2g。

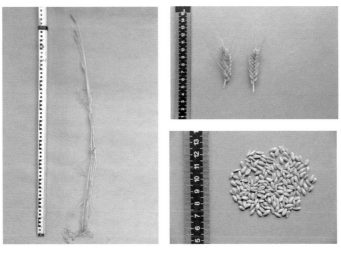

图 7-12　密穗春麦（2013651241）

7.13 二棱大麦

调查编号：2012651044　　　　物种名称：大麦

收集时间：2012 年　　　　　　收集地点：新疆和田地区策勒县乌鲁克萨依乡

主要特征特性：幼苗习性直立，叶耳绿色，叶片平展，茎叶蜡质中等，株型紧凑。籽粒质地硬，千粒重 49.5g。

图 7-13　二棱大麦（2012651044）

7.14 大麦

调查编号：2013651055　　　　物种名称：大麦

收集时间：2013 年　　　　　　收集地点：新疆巴音郭楞蒙古自治州且末县阿羌乡

主要特征特性：幼苗习性匍匐，叶耳白色，叶片直立，茎叶蜡质少，株型半紧凑。株高 76cm，单株穗数 3.0 个，穗长 7.0cm，穗粒数 45.0 粒。

图 7-14　大麦（2013651055）

7.15 大麦

调查编号：2013651064　　　　物种名称：大麦

收集时间：2013 年　　　　　　收集地点：新疆哈密地区巴里坤县大河镇

主要特征特性：幼苗习性半匍匐，叶耳白色，叶片平展，茎叶蜡质中等，株型紧凑。株高 71cm，单株穗数 2.7 个，穗长 8.7cm，穗粒数 23.1 粒。

图 7-15　大麦（2013651064）

7.16 大麦

调查编号：2013651249　　　物种名称：大麦
收集时间：2013 年　　　　　收集地点：新疆哈密地区巴里坤县大河镇
主要特征特性：幼苗习性半匍匐，叶耳白色，叶片直立，茎叶蜡质少，株型半紧凑，芒色褐色。株高 92cm，单株穗数 3.0 个，穗长 6.6cm，穗粒数 45.8 粒。

图 7-16　大麦（2013651249）

7.17 青稞

调查编号：2013651057　　　物种名称：大麦
收集时间：2013 年　　　　　收集地点：新疆巴音郭楞蒙古自治州且末县阿羌乡
主要特征特性：六棱长芒裸大麦，幼苗习性半匍匐，叶耳白色，叶片直立，茎叶蜡质中等，株型半紧凑，穗姿水平。株高 74cm，单株穗数 3.7 个，穗长 6.7cm，穗粒数 34.1 粒，单株生物产量 8.0g。

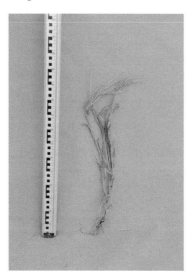  

图 7-17　青稞（2013651057）

7.18 青稞

调查编号：2013651062　　　　物种名称：大麦

收集时间：2013 年　　　　　　收集地点：新疆哈密地区巴里坤县石人子乡

主要特征特性：六棱长芒裸大麦，幼苗习性半匍匐，叶耳白色，叶片直立，茎叶蜡质中等，株型半紧凑，穗姿下垂。株高 79cm，单株穗数 4.0 个，穗长 7.6cm，穗粒数 39.3 粒，单株生物产量 12.0g。

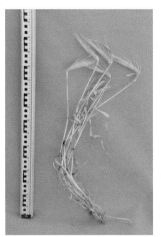

图 7-18　青稞（2013651062）

7.19 青稞

调查编号：2013651223　　　　物种名称：大麦

收集时间：2013 年　　　　　　收集地点：新疆巴音郭楞蒙古自治州且末县阿羌乡

主要特征特性：六棱长芒裸大麦，幼苗习性半匍匐，叶耳白色，叶片直立，茎叶蜡质中等，株型半紧凑，穗姿下垂。株高 83cm，单株穗数 4.7 个，穗长 8.1cm，穗粒数 46.8 粒，单株生物产量 16.4g。

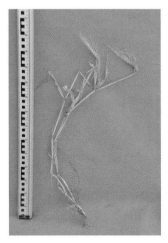

图 7-19　青稞（2013651223）

7.20 青稞

调查编号：2013651224　　　　物种名称：大麦

收集时间：2013 年　　　　　收集地点：新疆巴音郭楞蒙古自治州且末县阿羌乡

主要特征特性：六棱长芒裸大麦，幼苗习性半匍匐，叶耳白色，叶片直立，茎叶蜡质中等，株型半紧凑，穗姿直立。株高 78cm，单株穗数 3.9 个，穗长 6.2cm，穗粒数 30.6 粒，单株生物产量 9.8g。

图 7-20　青稞（2013651224）

7.21 青稞

调查编号：2013651251　　　　物种名称：大麦

收集时间：2013 年　　　　　收集地点：新疆巴音郭楞蒙古自治州且末县阿羌乡

主要特征特性：六棱长芒裸大麦，幼苗习性半匍匐，叶耳白色，叶片直立，茎叶蜡质中等，株型半紧凑，穗姿下垂。株高 87cm，单株穗数 3.7 个，穗长 8.9cm，穗粒数 50.6 粒，单株生物产量 11.5g。

图 7-21　青稞（2013651251）

7.22 青稞

调查编号：2013651252　　　　物种名称：大麦

收集时间：2013 年　　　　　收集地点：新疆巴音郭楞蒙古自治州且末县库拉木勒克乡

主要特征特性：中间型长芒裸大麦，幼苗习性半匍匐，叶耳白色，叶片直立，茎叶蜡质中等，株型半紧凑，穗姿下垂。株高 77cm，单株穗数 3.8 个，穗长 8.5cm，穗粒数 42.4 粒，单株生物产量 8.6g。

图 7-22　青稞（2013651252）

7.23 和田黄

调查编号：2011651001　　　　物种名称：玉米

收集时间：2011 年　　　　　收集地点：新疆喀什地区莎车县藿什拉甫乡

主要特征特性：花丝深红色，穗形为柱形，轴色白色，粒型为硬粒型，籽粒圆形，粒色橘黄色、中粒型。株高 201cm，穗位高 68cm，穗长 17.1cm，穗行数 12.8，行粒数 29.7。敦煌 2014~2015 年鉴定抗旱性极强。

图 7-23　和田黄（2011651001）

7.24 它西其力克

调查编号：2012651003　　　　　物种名称：玉米

收集时间：2012 年　　　　　　　收集地点：新疆和田地区策勒县恰哈乡

主要特征特性：株型紧凑，花丝深红色，穗形为锥形，轴色红色，粒型为中间型，籽粒圆形、黄色、大粒型。株高 214cm，穗位高 104cm，穗长 15.5cm，穗行数 7.4，行粒数 29.2 粒，千粒重 314.6g。

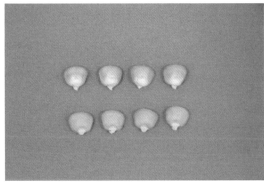

图 7-24　它西其力克（2012651003）

7.25 白玉米

调查编号：2012651059　　　　　物种名称：玉米

收集时间：2012 年　　　　　　　收集地点：新疆阿克苏地区拜城县老虎台乡

主要特征特性：株型中间型，花丝黄绿色，穗形为锥形，轴色白色，粒型为硬粒型，籽粒白色、中粒型。株高 241cm，穗位高 116cm，穗长 17.4cm，穗行数 6.8，行粒数 32.8 粒，百粒重 28.0g。

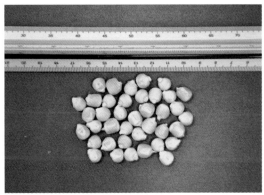

图 7-25　白玉米（2012651059）

7.26 新和玉米

调查编号：2013651003　　　　　物种名称：玉米

收集时间：2013 年　　　　　　　收集地点：新疆阿克苏地区新和县尤鲁都斯巴格镇

主要特征特性：花丝浅红色，穗形为柱形，轴色白色，粒形为马齿形，籽粒形状为圆形和楔形之间的中间形、橙黄色、中粒型。株高 190cm，穗位高 84cm。

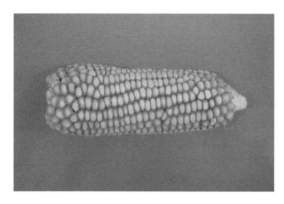

图 7-26　新和玉米（2013651003）

7.27 云地皮地克

调查编号：2013651006　　　　　物种名称：玉米

收集时间：2013 年　　　　　　　收集地点：新疆巴音郭楞蒙古自治州且末县塔提让镇

主要特征特性：花丝浅红色，穗形为柱形，轴色白色，粒型为硬粒型，籽粒形状为圆形和楔形之间的中间形、黄色、中粒型。株高 197cm，穗位高 86cm。

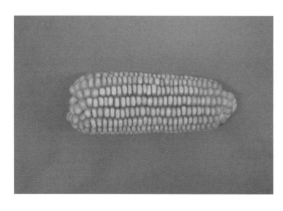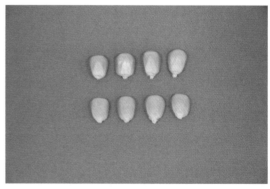

图 7-27　云地皮地克（2013651006）

7.28 云地皮地克

调查编号：2013651010　　　　物种名称：玉米
收集时间：2013 年　　　　　　收集地点：新疆巴音郭楞蒙古自治州且末县塔提让镇
主要特征特性：花丝黄绿色，穗形为柱形，轴色白色，粒型为硬粒型，籽粒圆形、橙黄色、中粒型。株高 266cm，穗位高 139cm。

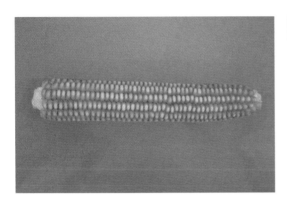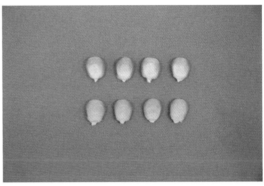

图 7-28　云地皮地克（2013651010）

7.29 云地皮地克

调查编号：2013651013　　　　物种名称：玉米
收集时间：2013 年　　　　　　收集地点：新疆巴音郭楞蒙古自治州且末县塔特让镇
主要特征特性：花丝黄绿色，穗形为柱形，穗轴白色，粒型为硬粒型，籽粒形状为圆形和楔形之间的中间形、橘黄色、中粒型。株高 268cm，穗位高 131cm。敦煌 2015 年鉴定为抗旱性强。

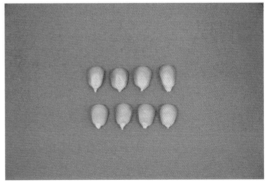

图 7-29　云地皮地克（2013651013）

7.30 玉米

调查编号：2013651017　　　　　物种名称：玉米

收集时间：2013 年　　　　　　　收集地点：新疆巴音郭楞州若羌县

主要特征特性：花丝浅红色，穗形为柱形，轴色白色，粒型为硬粒型，籽粒楔形、橘黄色、中粒型。株高 220cm，穗位高 88cm。敦煌 2015 年鉴定为抗旱性极强。

图 7-30　玉米（2013651017）

7.31 玉米

调查编号：2013651203　　　　　物种名称：玉米

收集时间：2013 年　　　　　　　收集地点：新疆巴音郭楞州若羌县

主要特征特性：花丝浅红色，穗形为柱形，轴色白色，粒型为硬粒型，籽粒形状为圆形和楔形之间的中间形、橘黄色、中粒型。株高 218cm，穗位高 80cm。敦煌 2015 年鉴定为抗旱性极强。

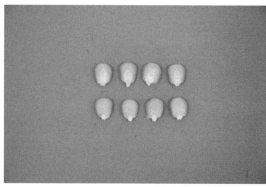

图 7-31　玉米（2013651203）

7.32 白爆裂玉米

调查编号：2013651018　　　　物种名称：玉米

收集时间：2013 年　　　　　　收集地点：新疆昌吉州木垒县照壁山乡

主要特征特性：花丝黄绿色，穗形为锥形，轴色白色，粒型为糯质型，籽粒楔形、白色、小粒型。株高 155cm，穗位高 68cm。

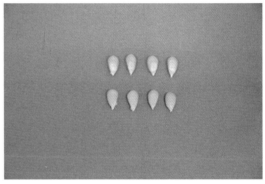

图 7-32　白爆裂玉米（2013651018）

7.33 阿克派派克

调查编号：2011651002　　　　物种名称：水稻

收集时间：2011 年　　　　　　收集地点：新疆喀什地区莎车县霍什拉甫乡

主要特征特性：叶鞘紫色，半直立生长，有芒黄色，株高 85cm，单株穗数 13.7。

图 7-33　阿克派派克（2011651002）

7.34 糜子

调查编号：2011651010　　　物种名称：黍

收集时间：2011 年　　　　　收集地点：新疆阿勒泰地区哈巴河县

主要特征特性：叶鞘绿色，单生，分枝少，花序绿色，侧穗，穗分枝长，穗分枝基部突起物少，籽粒球形、红色，米色淡黄色。株高 72cm，主穗长 22.3cm，小穗数 5.9 个。

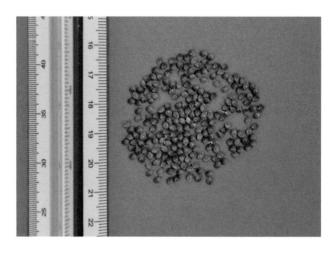

图 7-34　糜子（2011651010）

7.35 豌豆

调查编号：2011651012　　　物种名称：豌豆

收集时间：2011 年　　　　　收集地点：新疆塔城地区裕民县察汗托海牧场

主要特征特性：花白色，无限结荚，硬荚，籽粒淡黄色、扁球形，脐色灰白色。株高106cm，单株荚数 55.7，单株粒数 209 粒，百粒重 14.7g。

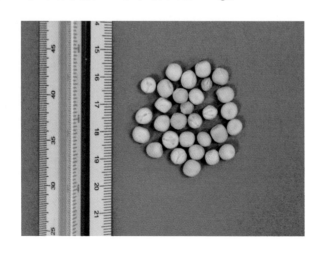

图 7-35　豌豆（2011651012）

7.36 豌豆

调查编号：2011651006　　　　物种名称：豌豆

收集时间：2011 年　　　　　　收集地点：新疆塔城地区裕民县察汗托海牧场

主要特征特性：花紫色，无限结荚，硬荚，籽粒绿色、扁球形，脐色黄色。株高 168cm，单株荚数 42.5，单株粒数 137.8 粒，百粒重 9.2g。

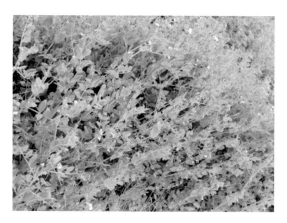

图 7-36　豌豆（2011651006）

7.37 豌豆

调查编号：2012651054　　　　物种名称：豌豆

收集时间：2012 年　　　　　　收集地点：新疆喀什地区塔什库尔干塔吉克县

主要特征特性：花紫色，无限结荚，硬荚，籽粒绿色、扁圆形，脐色淡褐色。株高 73cm，单株荚数 29.7，单株粒数 134.3 粒，百粒重 6.8g。敦煌 2014 年鉴定为抗旱性极强。

图 7-37　豌豆（2012651054）

7.38 麻豌豆

调查编号：2012651011　　　　　物种名称：豌豆

收集时间：2012 年　　　　　　　收集地点：新疆和田地区策勒县恰哈乡

主要特征特性：花紫色，无限结荚，硬荚，籽粒绿色、扁圆形，脐色褐色。株高 97cm，单株荚数 73.8，单株粒数 272.8 粒，百粒重 7.0g。

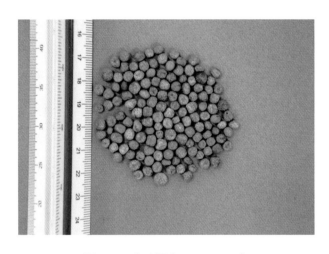

图 7-38　麻豌豆（2012651011）

7.39 麻豌豆

调查编号：2012651023　　　　　物种名称：豌豆

收集时间：2012 年　　　　　　　收集地点：新疆和田地区策勒县乌鲁克萨依乡

主要特征特性：花紫色，无限结荚，硬荚，籽粒绿色、扁圆形，脐色淡褐色。株高 79cm，单株荚数 59.0，单株粒数 224.2 粒，百粒重 4.4g。

图 7-39　麻豌豆（2012651023）

7.40 小豌豆

调查编号：2012651045　　　　物种名称：豌豆
收集时间：2012 年　　　　　　收集地点：新疆和田地区策勒县乌鲁克萨依乡
主要特征特性：花紫色，无限结荚，硬荚，籽粒绿色、扁圆形，脐色深褐色。株高 81cm，单株荚数 14.0，单株粒数 61.0 粒，百粒重 3.8g。

图 7-40　小豌豆（2012651045）

7.41 大豌豆

调查编号：2012651070　　　　物种名称：豌豆
收集时间：2012 年　　　　　　收集地点：新疆阿克苏地区拜城县黑英山乡
主要特征特性：花白色，无限结荚，硬荚，籽粒黄色、圆形，脐色黄色。株高 106cm，单株荚数 51.3，单株粒数 167.3 粒，百粒重 23.9g。

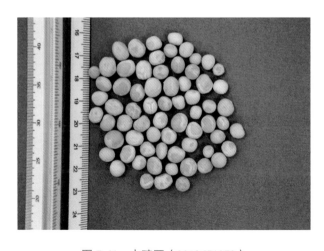

图 7-41　大豌豆（2012651070）

7.42 鹰嘴豆

调查编号：2012651069　　物种名称：鹰嘴豆

收集时间：2012 年　　　　收集地点：新疆阿克苏地区拜城县

主要特征特性：复叶深绿色，半蔓生生长，无限结荚，白花，籽粒黄色、中等大小、圆形，脐色淡褐色，百粒重 24.6g。

图 7-42　鹰嘴豆（2012651069）

7.43 蚕豆

调查编号：2012651057　　物种名称：蚕豆

收集时间：2012 年　　　　收集地点：新疆克孜勒苏柯尔克孜州乌恰县波斯坦铁列克乡

主要特征特性：复叶深绿色，直立生长，有限结荚，白花，籽粒褐色、大、扁椭圆形，脐色淡黑色，百粒重 98.4g。

图 7-43　蚕豆（2012651057）

7.44 蚕豆

调查编号：2012651067　　　　物种名称：蚕豆

收集时间：2012 年　　　　　　收集地点：新疆阿克苏地区拜城县黑英山乡

主要特征特性：复叶绿色，直立生长，有限结荚，白花，籽粒褐色、特大、扁椭圆形，脐色黑色，百粒重 125.5g。

图 7-44　蚕豆（2012651067）

7.45 油菜

调查编号：2012651005　　　　物种名称：油菜

收集时间：2012 年　　　　　　收集地点：新疆和田地区策勒县恰哈乡

主要特征特性：春性，子叶心脏形，幼茎微紫色，基叶为裂叶，苗期半直立生长，叶浅绿色，叶柄长度长，叶缘全缘叶，薹茎叶披针形，花瓣黄色皱缩，籽粒褐色、扁圆形，千粒重 4.3g。

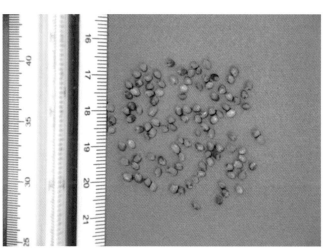

图 7-45　油菜（2012651005）

7.46 油菜

调查编号：2012651064　　　　　物种名称：油菜
收集时间：2012 年　　　　　　　收集地点：新疆阿克苏地区拜城县老虎台乡
主要特征特性：春性，子叶肾脏形，幼茎紫色，基叶为裂叶，苗期直立生长，叶深绿色，叶柄长度长，叶缘锯齿，薹茎叶剑形，花瓣橘黄色平展，籽粒黄色、圆形，丁粒重 3.6g。

图 7-46　油菜（2012651064）

7.47 早熟油菜

调查编号：2012651019　　　　　物种名称：油菜
收集时间：2012 年　　　　　　　收集地点：新疆和田地区策勒县乌鲁克萨依乡
主要特征特性：春性，子叶肾脏形，幼茎微紫色，基叶为完整叶，苗期直立生长，叶浅绿色，叶柄长度短，叶缘全缘叶，薹茎叶狭长三角形，花瓣橘黄色平展，籽粒棕褐色、扁圆形，千粒重 2.9g。

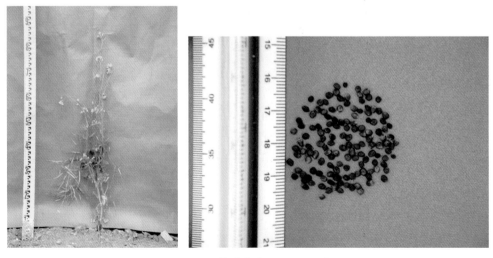

图 7-47　早熟油菜（2012651019）

7.48 野油菜

调查编号：2012651074　　物种名称：油菜

收集时间：2012 年　　收集地点：新疆阿克苏地区拜城县老虎台乡

主要特征特性：春性，子叶肾脏形，幼茎紫色，基叶为裂叶，苗期匍匐生长，叶深绿色，叶柄长度长，叶缘锯齿，薹茎叶狭长三角形，花瓣黄色皱缩，籽粒黑褐色、圆形，千粒重 1.7g。

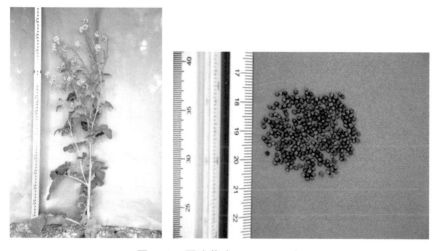

图 7-48　野油菜（2012651074）

7.49 黄油菜

调查编号：2012651091　　物种名称：油菜

收集时间：2012 年　　收集地点：新疆克孜勒苏柯尔克孜州乌恰县波斯坦铁列克乡

主要特征特性：春性，子叶肾脏形，幼茎紫色，基叶为裂叶，苗期直立生长，叶深绿色，叶柄长度长，叶缘锯齿，薹茎叶狭长三角形，花瓣黄色平展，籽粒黄色、圆形，千粒重 2.9g。

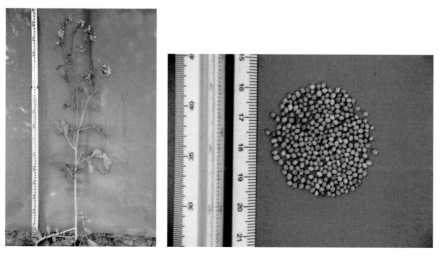

图 7-49　黄油菜（2012651091）

7.50 黑油菜

调查编号：2012651092　　物种名称：油菜

收集时间：2012 年　　　　收集地点：新疆克孜勒苏柯尔克孜州乌恰县波斯坦铁列克乡

主要特征特性：春性，子叶肾脏形，幼茎紫色，基叶为裂叶，苗期直立生长，叶深绿色，叶柄长度长，叶缘锯齿，薹茎叶狭长三角形，花瓣橘黄色平展，籽粒棕褐色、圆形，千粒重 2.9g。

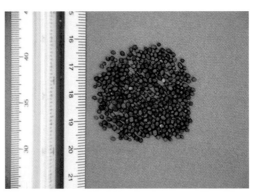

图 7-50　黑油菜（2012651092）

7.51 黑葵

调查编号：2012651013　　物种名称：向日葵

收集时间：2012 年　　　　收集地点：新疆和田地区策勒县恰哈乡

主要特征特性：叶片绿色、三角形，株高 266cm，花盘形状凸起，花盘直径 20.7cm，倾斜度水平向下，舌状花橘黄色，籽实黑色长卵形，百粒重 7.5g。

图 7-51　黑葵（2012651013）

7.52 白食葵

调查编号：2012651077　　　　物种名称：向日葵

收集时间：2012 年　　　　　　收集地点：新疆阿克苏地区拜城县黑英山乡

主要特征特性：叶片绿色、三角形，株高 201cm，花盘形状平，花盘直径 22.8cm，倾斜度水平向下，舌状花橘黄色，籽实白色长形，百粒重 10.9g。

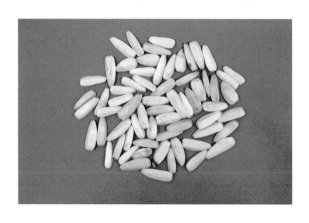

图 7-52　白食葵（2012651077）

7.53 胡麻

调查编号：2012651065　　　　物种名称：胡麻

收集时间：2012 年　　　　　　收集地点：新疆阿克苏地区拜城县老虎台乡

主要特征特性：全生育期 96d，子叶长椭圆形，浅绿色，叶片披针形、绿色、互生，花瓣扇形、浅蓝色，花药蓝色，果实球形、黄色，株高 76cm，籽粒褐色，千粒重 5.6g。

图 7-53　胡麻（2012651065）

7.54 白胡麻

调查编号：2012651071　　　　物种名称：胡麻

收集时间：2012 年　　　　　　收集地点：新疆阿克苏地区拜城县黑英山乡

主要特征特性：全生育期 94d，子叶长椭圆形，浅绿色，叶片披针形、绿色、互生，花瓣扇形、白色，花药白色，果实球形、黄色，株高 58cm，籽粒浅黄色，千粒重 5.7g。敦煌 2014 年芽期鉴定为抗旱性强。

图 7-54　白胡麻（2012651071）

7.55 裕民无刺红花

调查编号：2011651005　　　　物种名称：红花

收集时间：2011 年　　　　　　收集地点：新疆塔城地区裕民县察汗托海牧场

主要特征特性：子叶倒卵形、绿色、无刺毛，花红色、黄色，籽实无条纹，单株果球数 61 个，单株籽实重 46.8g。

图 7-55　裕民无刺红花（2011651005）

7.56 土西瓜

调查编号：2011651009　　　　物种名称：西瓜
收集时间：2011 年　　　　　　收集地点：新疆喀什地区伽师县
主要特征特性：子叶深绿色、椭圆形，叶片深绿色、缺刻类型为 1 对，叶柄姿态直立，雌雄异花同株，果实重量 2.3kg，果形指数 1.35。

图 7-56　库克赛（土西瓜）（2011651009）

7.57 艾歪拉

调查编号：2011651003　　　　物种名称：甜瓜
收集时间：2011 年　　　　　　收集地点：新疆喀什地区泽普县
主要特征特性：子叶绿色、椭圆形，株型疏散，叶片绿色无缺刻，叶柄直立，雌雄异花同株，果实重量 2.0kg，果形指数 1.2。

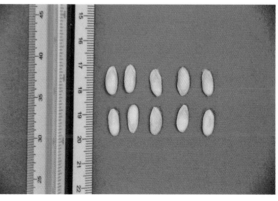

图 7-57　艾歪拉（2011651003）

7.58 艾歪拉

调查编号：2011651004　　　　物种名称：甜瓜

收集时间：2011 年　　　　　　收集地点：新疆喀什地区泽普县

主要特征特性：子叶绿色、椭圆形，株型疏散，叶片绿色无缺刻，叶柄直立，雌雄异花同株，果实重量 2.9kg，果形指数 1。

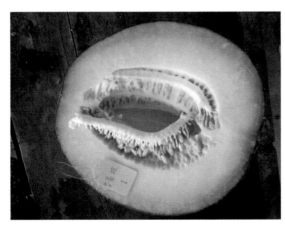

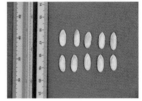

图 7-58　艾歪拉（2011651004）

7.59 节节麦

调查编号：2012652015　　　　物种名称：节节麦

收集时间：2012 年　　　　　　收集地点：新疆新源县

主要特征特性：越年生草本。秆高 10~20cm。叶鞘平滑无毛而边缘具纤毛；叶片上面疏生柔毛。穗状花序顶生，圆柱形，成熟时逐节断落；小穗圆柱形，外稃具长芒，颖果饱满；花期 6 月中旬，果期 7 月初。该种是六倍体普通小麦的祖先种之一，D 染色体组的供予者。

图 7-59　节节麦（2012652015）

7.60 冰草

调查编号：2011652089　　　物种名称：冰草

收集时间：2011 年　　　　　收集地点：新疆托里县

主要特征特性：多年生植物。秆呈疏丛状，被毛，直立或基部膝曲，高 20~50cm。叶片质地较硬而粗糙，边缘常内卷。穗状花序直立，较粗壮；小穗紧密地排列成两行，呈篦齿状；小穗含 4~7 花；花药黄色。颖果长 4mm。花果期 6~9 月。

图 7-60　冰草（2011652089）

7.61 篦穗冰草

调查编号：2012652050　　　物种名称：篦穗冰草

收集时间：2012 年　　　　　收集地点：新疆新源县

主要特征特性：多散生。植株秆呈密丛，高 20~75cm。叶片内卷。穗状花序紧密，卵状长圆形，篦齿状；小穗绿色，含 3~10 花；颖卵状披针形，平滑；外稃平滑；内稃稍短于外稃，脊上具短纤毛。花果期 6~9 月。

图 7-61　篦穗冰草（2012652050）

7.62 沙芦草

调查编号：2014652046　　　　物种名称：沙芦草
收集时间：2014 年　　　　　　收集地点：新疆阿勒泰市
主要特征特性：根外被沙套，具根状茎；秆呈疏丛，直立，高 20~60cm。叶片平滑无毛。穗状花序长 3~9cm，小穗斜向上排列于穗轴两侧；小穗含 3~8 花；颖两侧多不对称，边缘膜质；外稃无毛；内稃略短或等长于外稃；花药淡黄色或淡白色；子房顶端有毛。颖果椭圆形。花果期 5~7 月。

图 7-62　沙芦草（2014652046）

7.63 毛穗旱麦草

调查编号：2012652039　　　　物种名称：毛穗旱麦草
收集时间：2012 年　　　　　　收集地点：新疆新源县
主要特征特性：一年生植物。秆平滑无毛，高 8~20cm。叶片条形，扁平，粗糙。穗状花序紧密，矩圆形或卵状长圆形，长 3~5.5cm，宽 1.4~2.5mm，密被长柔毛和易断的穗轴；小穗灰绿色或带紫色，含 3~5 花；颖等长于小穗或稍短，具长纤毛；外稃密被长茸毛，先端渐尖呈粗糙的芒；花药黄色。颖果。花果期 5~6 月。

图 7-63　毛穗旱麦草（2012652039）

7.64 旱麦草

调查编号：2012652017　　　物种名称：旱麦草
收集时间：2012 年　　　　　收集地点：新疆新源县

主要特征特性：一年生植物。秆高 5~20cm。叶片扁平，两面粗糙或被微毛。穗状花序短小，卵状椭圆形，排列紧密；小穗草绿色，含 3~6 花，与穗轴几成直角，小穗轴扁平；颖无毛，披针形，先端渐尖；外稃上半部具 5 条明显的脉，被糙毛；内稃长约 3.8mm，先端微呈齿状，脊的上部粗糙；花药黄色；子房被柔毛。花果期 5~6 月。生于天山以北的荒漠及荒漠草原、早春水分较好的生境中。集中分布于准噶尔盆地南缘、塔城谷地和伊犁谷地，是早春短命植物层片的主要组成成分之一。

图 7-64　旱麦草（2012652017）

7.65 偃麦草

调查编号：2014652003　　　物种名称：偃麦草
收集时间：2014 年　　　　　收集地点：新疆富蕴县

主要特征特性：植株茎秆呈疏丛，直立，有时基部膝曲，平滑无毛，高 40~80cm。叶鞘平滑无毛，叶舌短小或不明显；叶片扁平。穗状花序直立，小穗含 5~7 花；颖披针形，具 5~7 脉，平滑无毛，边缘膜质；外稃长椭圆形至披针形，具 5~7 脉，顶端具短尖头；内稃稍短于外稃，边缘膜质，内折。花果期 6~9 月。

 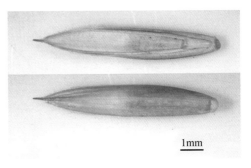

图 7-65　偃麦草（2014652003）

7.66 费尔干偃麦草

调查编号：2013652067　　　　物种名称：费尔干偃麦草

收集时间：2013 年　　　　　　收集地点：新疆托里县

主要特征特性：植株秆直立，丛生，基部膝曲，高 40~70cm。叶片质硬，紧缩。穗状花序稀疏，具 6~8 枚小穗；小穗长椭圆形，含 5~7 花；颖披针形，先端具短尖头，边缘膜质。外稃宽披针形，具 5 脉，边缘具短纤毛；内稃披针形，等长于外稃。花果期 6~8 月。该种以纤细而坚韧、花多及耐干旱和耐瘠薄为特点。

 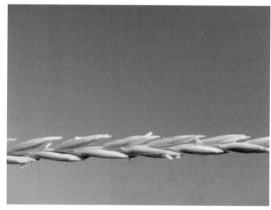

图 7-66　费尔干偃麦草（2013652067）

7.67 布顿大麦草

调查编号：2014652018　　　　物种名称：布顿大麦草

收集时间：2014 年　　　　　　收集地点：新疆富蕴县

主要特征特性：植株秆直立，高 50~80cm，密被灰毛。叶片长 6~15cm。穗状花序通常呈灰绿色，长 5~10cm，穗轴节间易断落；颖针状，先端具芒，内稃长约 6.5mm；花药黄色。花果期 6~9 月。

 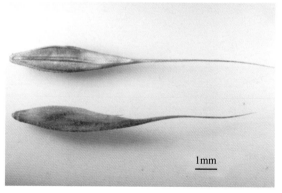

图 7-67　布顿大麦草（2014652018）

7.68 老芒麦

调查编号：2011652023　　　　物种名称：老芒麦

收集时间：2011 年　　　　　　收集地点：新疆木垒哈萨克自治县

主要特征特性：秆单生或呈疏丛，高 60~90cm；叶片扁平。穗状花序较疏松而下垂，长 15~20cm，通常每节具 2 枚小穗；小穗灰绿色或稍带紫色，含 4~5 花；颖狭披针形，先端渐尖或具长达 5mm 的短芒；外稃披针形，具 5 脉；内稃几与外稃等长，先端 2 裂；花药黄色。花果期 6~9 月。该种以耐旱、耐寒及种子产量高为特点。在所调查的区域中均有分布，且是山地草甸和草甸草原的伴生种或亚优势种，在水渠边或林下有时成片生长，形成单一的老芒麦群落。

图 7-68　老芒麦（2011652023）

7.69 圆柱披碱草

调查编号：2011652030　　　　物种名称：圆柱披碱草

收集时间：2011 年　　　　　　收集地点：新疆木垒哈萨克自治县

主要特征特性：植株秆高 40~80cm。叶鞘无毛；叶片扁平。穗状花序直立，长 7~14cm，通常每节具有 2 枚小穗而接近先端各节仅 1 枚；小穗绿色或带紫色，通常含 2~3 小花，仅 1~2 小花发育；颖披针形至线状披针形，长 7~8mm，具 3~5 脉，先端渐尖或具长达 4mm 的短芒；外稃披针形，具 5 脉，顶端芒粗糙；内稃与外稃等长，先端钝圆；花药紫色或紫褐色。花果期 6~9 月。

图 7-69　圆柱披碱草（2011652030）

7.70 披碱草

调查编号：2011652058 物种名称：披碱草
收集时间：2011 年 收集地点：新疆木垒哈萨克自治县
主要特征特性：秆疏丛生，直立，高 70~140cm。叶鞘平滑无毛；叶片扁平。穗状花序直立，较紧密，长 14~18cm；小穗绿色，成熟后变为草黄色，含 3~5 花；颖披针形，先端具短芒；外稃披针形，具 5 条明显的脉，全部密生短小糙毛；内稃与外稃等长；花药黄色。花果期 6~10 月。其特点是穗状花序长，小穗多花，分布广。该种广泛分布于平原绿洲及山地，海拔在 500~1700m，是山地草甸草原、山地草甸和平原草甸的伴生种，在绿洲上的田边地埂及水渠边常见。

图 7-70 披碱草（2011652058）

7.71 垂穗披碱草

调查编号：2013652055 物种名称：垂穗披碱草
收集时间：2013 年 收集地点：新疆和静县
主要特征特性：植株秆直立，高 50~70cm。叶片扁平，两面粗糙，有时疏生柔毛。穗状花序紧密，小穗多偏生于穗轴一侧，通常曲折而先端下垂，通常每节具有 2 枚小穗；小穗绿色，成熟后带紫色；颖长圆形，先端渐尖或具短芒；外稃长披针形，具 5 脉，芒粗糙，向外反曲或稍展开；内稃与外稃等长脊上具纤毛；花药黑绿色。花果期 6~9 月。该种分布海拔较高，是组成高海拔高寒草原的优势种或主要伴生种。

图 7-71 垂穗披碱草（2013652055）

7.72 大赖草

调查编号：2013652035　　　　物种名称：大赖草

收集时间：2013 年　　　　　　收集地点：新疆布尔津县

主要特征特性：植株具长的横走根茎；秆粗壮，直立，高 40~100cm，全株微糙涩。叶片略有扭曲，浅绿色，质硬。穗状花序直立，长 15~30cm，穗轴坚硬，扁圆形，每节具 4~7 枚小穗；小穗含 3~5 花；颖披针形，平滑，与小穗近等长；外稃背部被白色细毛；内稃比外稃短 1~2mm，两脊平滑无毛；花药黄色。花果期 6~9 月。该种在我国仅产于新疆，以茎秆矮、粗壮而挺拔、穗状花序大、多花为特点，并具有耐旱、耐盐碱、耐瘠薄、抗病虫害等特性。

图 7-72　大赖草（2013652035）

7.73 多枝赖草

调查编号：2011652021　　　　物种名称：多枝赖草

收集时间：2011 年　　　　　　收集地点：新疆木垒哈萨克自治县

主要特征特性：植株秆单生或呈疏丛，直立，高 50~80cm，平滑无毛或仅于花序下粗糙。叶片扁平或内卷。穗状花序长 5~12cm；小穗 2~3 枚生于每节，含 2~6 花；颖锥形，具 1 脉；外稃宽披针形，平滑无毛，顶端芒长 2~3mm；内稃短于外稃；花药黄色。花果期 5~8 月。该种以耐盐碱为特点。

图 7-73　多枝赖草（2011652021）

7.74 卡瑞赖草

调查编号：2011652069　　　　物种名称：卡瑞赖草

收集时间：2011 年　　　　　　收集地点：新疆托里县

主要特征特性：植株具下伸的根茎；秆直立，形成密丛，高 60~120cm，平滑无毛。叶片蓝灰色，质硬。穗状花序直立，长 10~20cm；小穗 2 枚生于 1 节，含 2~3 花；颖线状披针形；外稃披针形，密被短柔毛，先端渐尖；内稃通常稍短于外稃；花药黄色。花果期 6~8 月。

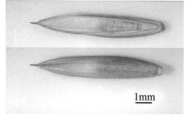

图 7-74　卡瑞赖草（2011652069）

7.75 窄颖赖草

调查编号：2014652010　　　　物种名称：窄颖赖草

收集时间：2014 年　　　　　　收集地点：新疆富蕴县

主要特征特性：植株具下伸的根茎；秆单生或丛生，高 60~100cm。叶片质地较厚而硬，粗糙。穗状花序直立，长 15~20cm，穗轴被短柔毛；小穗 2 枚生于 1 节，含 2~3 花，小穗轴节间被短柔毛；颖线状披针形；外稃披针形，密被柔毛；内稃通常稍短于外稃，脊之上部有纤毛；花药黄色。花果期 6~8 月。该物种分布海拔为 1200~2000m，以茎秆坚硬挺拔和耐瘠薄为特点。

图 7-75　窄颖赖草（2014652010）

7.76 野燕麦

调查编号：2011652007　　　　物种名称：野燕麦

收集时间：2011 年　　　　　　收集地点：新疆木垒哈萨克自治县

主要特征特性：一年生草本。秆直立，光滑无毛，高 60~120cm。叶片扁平。圆锥花序开展。小穗长 18~25mm，含 2~3 花。小穗柄弯曲下垂，顶端膨胀；小穗轴密生淡棕色或白色硬毛。颖草质；外稃质地坚硬。芒自稃体中部稍下处伸出，膝曲。芒柱棕色、扭转。颖果被淡棕色柔毛。花果期 4~9 月。

图 7-76　野燕麦（2011652007）

7.77 鸭茅

调查编号：2011652026　　　　物种名称：鸭茅

收集时间：2011 年　　　　　　收集地点：新疆木垒哈萨克自治县

主要特征特性：植株高大，散生或成片生长。多年生草本。秆直立或基部膝曲，高 40~120cm。叶片扁平。圆锥花序开展，长 5~15cm，小穗多聚集于分枝上端之一侧，含 2~5 花，绿色或稍带紫色；颖披针形，第一外稃约与小穗等长，顶端具短芒；内稃较狭，与外稃等长，脊具纤毛。花果期 5~9 月。

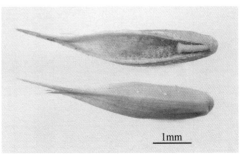

图 7-77　鸭茅（2011652026）

7.78 雀麦

调查编号：2011652014　　　　物种名称：雀麦

收集时间：2011 年　　　　　　收集地点：新疆木垒哈萨克自治县

主要特征特性：一年生草本。秆直立，丛生，高 30~100cm。叶片两面皆生白色柔毛。圆锥花序开展，向下弯垂，长达 30cm；小穗幼时圆筒状，成熟后压扁；颖披针形，具膜质边缘；外稃椭圆形，边缘膜质，顶端具二齿，齿间生芒，芒长 5~10mm；内稃较窄，短于外稃，脊上疏生刺毛。颖果压扁。花果期 6~7 月。该物种为广布种，多生于平原绿洲及山地草原带的农田边和水渠旁，海拔 500~3100m。

图 7-78　雀麦（2011652014）

7.79 旱雀麦

调查编号：2011652075　　　　物种名称：旱雀麦

收集时间：2011 年　　　　　　收集地点：新疆塔城市

主要特征特性：一年生草本。秆直立，丛生，光滑，高 20~50cm。叶片两面均具柔毛。圆锥花序疏展；小穗幼时绿色，成熟变为紫色；颖披针形，边缘膜质；外稃粗糙或被柔毛，先端渐尖，边缘膜质，芒稍长于稃体；内稃短于外稃。颖果贴生于稃内。花果期 5~6 月。该种常成片分布，生于海拔 600~1300m 的低山丘陵、山麓洪积扇、绿洲、沙地及沙丘上，是荒漠、草原化荒漠及荒漠草原上早春短命植物层片的组成成分。

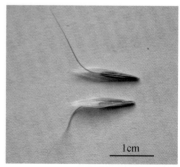

图 7-79　旱雀麦（2011652075）

7.80 密穗雀麦

调查编号：2014652073　　　　物种名称：密穗雀麦

收集时间：2014 年　　　　　　收集地点：新疆塔城市

主要特征特性：一年生草本。秆直立，被紧贴的短柔毛，高 30~80cm。叶片条形，两面均被柔毛。圆锥花序长 8~16cm，直立，紧缩，分枝直，被柔毛或短刺毛，具 1~3 枚小穗；小穗披针形，含 6~10 花，大都被柔毛；颖披针形，被白色短柔毛；外稃披针形，边缘宽膜质，无毛或被白色短柔毛；内稃比外稃短 1.5~2mm，脊具稀疏的纤毛；花药橘红色，椭圆形。颖果长椭圆形，淡褐色。花果期 6~7 月。

图 7-80　密穗雀麦（2014652073）

7.81 梯牧草

调查编号：2012652054　　　　物种名称：梯牧草

收集时间：2012 年　　　　　　收集地点：新疆新源县

主要特征特性：多年生草本。秆直立，基部球状膨大并宿存枯萎叶鞘，高 40~80cm。叶片扁平，两面和边缘粗糙。圆锥花序圆柱状，灰绿色；小穗长圆形，含 1 小花；二颖相等，膜质，具 3 脉，中脉成脊，脊上具硬纤毛，具长 0.5~1mm 的尖头；外稃薄膜质；内稃稍短于外稃。颖果长圆形。花果期 7~8 月。该种主要分布于天山和准噶尔西部山地水分条件较好的山地草甸、河谷草甸及阔叶林下，海拔 1100~2200m。

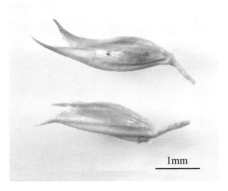

图 7-81　梯牧草（2012652054）

7.82 看麦娘

调查编号：2014652024 物种名称：看麦娘

收集时间：2014 年 收集地点：新疆富蕴县

主要特征特性：秆少数丛生，光滑，斜倾或平卧，长 15~40cm。叶片扁平。圆锥花序圆柱状，灰绿色，长 2~7cm；小穗椭圆形或卵状长圆形，含 1 花；颖膜质，基部互相连合，脊上有细纤毛；外稃膜质，先端钝，等长或稍长于颖，芒长 1.5~3.5mm；花药橙黄色。颖果长约 1mm。花果期 6~8 月。

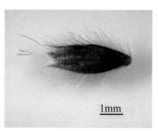

图 7-82 看麦娘（2014652024）

7.83 小獐毛

调查编号：2014652045 物种名称：小獐毛

收集时间：2014 年 收集地点：新疆阿勒泰市

主要特征特性：多年生草本。具有发达的根状茎和匍匐茎；秆直立或倾斜，高 5~25cm。叶片扁平或内卷，无毛。圆锥花序穗状，小花在穗轴上明显排列成整齐的 2 行；颖卵形，边缘膜质；外稃卵形，具 5~9 脉，顶端尖，边缘膜质具纤毛；子房先端无毛，花柱 2，顶生。花果期 6~8 月。该种多生长于河旁阶地、扇缘低地及湿润的地段，是平原盐化低地草甸的主要建群种之一。

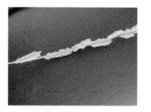
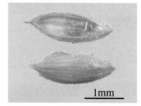

图 7-83 小獐毛（2014652045）

7.84 广布野豌豆

调查编号：2011652032　　　物种名称：广布野豌豆

收集时间：2011 年　　　　　收集地点：新疆木垒哈萨克自治县

主要特征特性：多年生草本，高 40~150cm。茎攀援或蔓生，有棱，被柔毛。偶数羽状复叶，叶轴顶端卷须有 2~3 分枝；小叶 5~12 对互生，线形、长圆形或披针状线形，全缘。总状花序与叶轴近等长，花多数，10~40，密集一面向着生于总花序轴上部；花萼钟状，萼齿 5；花冠紫色、蓝紫色或紫红色。荚果长圆形或长圆菱形，先端有喙。种子 3~6，扁圆球形，种皮黑褐色。花果期 5~9 月。该种生于草甸、林缘、山坡、河滩草地及灌丛，海拔 420~2700m。多为水土保持、绿肥作物。嫩时为牛羊等牲畜喜食饲料，同时也是蜜源植物之一。

图 7-84　广布野豌豆（2011652032）

7.85 新疆野豌豆

调查编号：2011652029　　　物种名称：新疆野豌豆

收集时间：2011 年　　　　　收集地点：新疆木垒哈萨克自治县

主要特征特性：多年生攀援草本，高 20~80cm。茎斜升或近直立，多分枝，具棱，被微柔毛或近无毛。偶数羽状复叶顶端卷须分枝，小叶 3~8 对，长圆披针形或椭圆形。总状花序明显长于叶，微下垂；花萼钟状，被疏柔毛或近无毛；花冠黄色、淡黄色或白色，具蓝紫色脉纹。荚果扁线形，先端较宽。种子 1~4，扁圆形，种皮棕黑色。花果期 6~8 月。

图 7-85　新疆野豌豆（2011652029）

7.86 四籽野豌豆

调查编号：2012652043　　　　物种名称：四籽野豌豆
收集时间：2012 年　　　　　　收集地点：新疆新源县

主要特征特性：一年生缠绕草本，高 20~60cm。茎纤细柔软有棱，多分枝，被微柔毛。偶数羽状复叶；小叶 2~6 对，长圆形或线形。总状花序，花冠紫白色。荚果长圆形，表皮棕黄色，近革质，具网纹。种子 4，扁圆形。花期 5~6 月，果期 6~8 月。为优良牧草，嫩叶可食。

图 7-86　四籽野豌豆（2012652043）

7.87 紫花苜蓿

调查编号：2012652020　　　　物种名称：紫花苜蓿
收集时间：2012 年　　　　　　收集地点：新疆新源县

主要特征特性：多年生草本。茎高 30~100cm，直立或斜升，基部多分枝。三出羽状复叶，小叶片长卵形、先端钝圆，基部狭窄，楔形，上部叶缘有锯齿，两面均有白色长柔毛。总状花序腋生，花冠紫色。荚果螺旋状盘曲 2~4 圈，种子卵状肾形，黄褐色。花果期 6~9 月。

图 7-87　紫花苜蓿（2012652020）

7.88 小苜蓿

调查编号：2012652044　　　　物种名称：小苜蓿

收集时间：2012 年　　　　　　收集地点：新疆新源县

主要特征特性：一年生草本，高 10~30cm；茎直立或斜升，细弱。三出羽状复叶，小叶片倒卵形，先端圆或凹缺，基部楔形，仅上部边缘具细齿，两面均被毛。总状花序腋生，花冠黄色。荚果螺旋状盘曲 3~5 圈，球形或扁球形。种子肾形，黄色。花果期 5~8 月。该种生于山地草原和荒漠草原的沟谷或凹地，适生于干旱土壤和石质坡地。

图 7-88　小苜蓿（2012652044）

7.89 白花草木犀

调查编号：2014652026　　　　物种名称：白花草木犀

收集时间：2014 年　　　　　　收集地点：新疆富蕴县

主要特征特性：二年生草本，高 1~2m。茎直立，多分枝。羽状三出复叶，小叶片长椭圆形，先端截形，顶端微凹，边缘具细齿。总状花序腋生，短穗状；花冠白色。荚果卵圆形，灰棕色，具突起的网脉，无毛。种子肾形，黄褐色，平滑或具小疣状突起。花果期 6~8 月。

1mm

图 7-89　白花草木犀（2014652026）

7.90 弯果葫芦巴

调查编号：2012652038　　　　物种名称：弯果葫芦巴
收集时间：2012 年　　　　　　收集地点：新疆新源县
主要特征特性：一年生草本，高 10~30cm。茎外倾或铺散。羽状三出复叶，小叶片倒三角状卵形，边缘有锯齿。花序伞状，腋生，4~7 花，无梗或具很短的梗；花冠黄色。荚果圆柱状线条形，镰形弯曲，被柔毛，具网状皱纹，含种子多数。花果期 5~6 月。

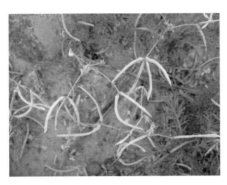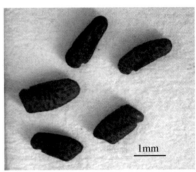

图 7-90　弯果葫芦巴（2012652038）

7.91 蒙古韭

调查编号：2013652032　　　　物种名称：蒙古韭
收集时间：2013 年　　　　　　收集地点：新疆布尔津县
主要特征特性：多年生草本，地下鳞茎密集丛生，圆柱状；鳞茎外皮褐黄色，呈纤维状。茎高 15~25cm，圆柱状，下部被叶鞘。伞形花序半球状至球状，具密集的小花；花淡紫色、淡红色至紫红色；子房倒卵状球形，花柱不伸出花被外。花期 6 月，果期 7~8 月。多生于沙地及干旱山坡。

图 7-91　蒙古韭（2013652032）

7.92 疏生韭

调查编号：2013652034　　　　物种名称：疏生韭

收集时间：2013 年　　　　　　收集地点：新疆布尔津县

主要特征特性：多年生草本植物，高 20~30cm。根状茎横走，鳞茎呈疏散的丛生状，圆柱形，茎下部外皮淡紫色或灰褐色，薄膜质，条状破裂。叶半圆柱状。伞形花序半球状，花少，松散；花白夹桃红色；花被片椭圆形至卵形；子房近球状，花柱比子房长，不伸出花被。花果期 6~8 月。多生于荒漠低地或沙丘附近。

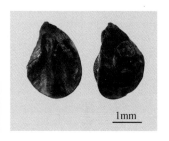

图 7-92　疏生韭（2013652034）

7.93 棱叶韭

调查编号：2011652025　　　　物种名称：棱叶韭

收集时间：2011 年　　　　　　收集地点：新疆木垒哈萨克自治县

主要特征特性：多年生草本植物。鳞茎近球状，鳞茎外皮暗灰色，纸质或膜质。叶 3~5 枚，条形，背面具 1 条纵棱，有时为三棱状条形，干时常扭卷，比花葶短，花期逐渐枯死。茎高 25~80cm，圆柱状。总苞 2 裂；伞形花序球状或半球状，具多而密集的花；小花梗近等长；花天蓝色，干后常变蓝紫色；花被片矩圆形至矩圆状披针形，长 3~5mm，内轮的较外轮的狭；花丝等长。花果期 6~8 月。多生于山地草原灌木丛中。

图 7-93　棱叶韭（2011652025）

7.94 山韭

调查编号：2011652038　　　　物种名称：山韭

收集时间：2011 年　　　　　　收集地点：新疆木垒哈萨克自治县

主要特征特性：多年生草本。具粗壮的横生根壮茎。鳞茎单生或数枚聚生，外皮灰黑色至黑色，膜质，有时带红色。茎高 10~50cm，下部被叶鞘，圆柱形，常具 2 纵棱。叶狭条形至宽条形，肥厚。总苞 2 裂，宿存；伞形花序半球状至近球状，具多而稍密集的花；小花梗近等长。花紫红色至淡紫色；花丝等长，从略长于花被片直至长 1.5 倍。花果期 7~9 月。生长于海拔 1500~2500m 的山地草原和砾石质坡地中。

图 7-94　山韭（2011652038）

7.95 辉韭

调查编号：2011652079　　　　物种名称：辉韭

收集时间：2011 年　　　　　　收集地点：新疆塔城市

主要特征特性：多年生草本。鳞茎单生，外皮黄褐色，呈网状形。茎高 35~60cm，圆柱状，光滑。叶条形，中空，短于茎，宽 2~4mm，边缘光滑，基部叶鞘抱茎。伞形花序球形或半球形，具密集的小花；花淡紫色至淡紫红色；花被片长 4~5mm；花果期 7~8 月。

图 7-95　辉韭（2011652079）

7.96 滩地韭

调查编号：2011652061　　　　物种名称：滩地韭
收集时间：2011 年　　　　　　收集地点：新疆托里县

主要特征特性：多年生草本。鳞茎簇生，外皮黄褐色，呈纤维网状。茎高 20~50cm。叶条形，宽 1~3mm。伞形花序近半球状，花松散，小花淡红色至紫红色；花被片具深紫色中脉，长 3.5~7mm，花丝短于花被片。蒴果开裂。花果期 6~8 月。可直接食用。该种生长于海拔 1200~2700m 的砾石质戈壁及山地石质坡上。

图 7-96　滩地韭（2011652061）

7.97 长喙葱

调查编号：2011652051　　　　物种名称：长喙葱
收集时间：2011 年　　　　　　收集地点：新疆木垒哈萨克自治县

主要特征特性：多年生草本，鳞茎常数枚聚生，卵状圆柱形；鳞茎外皮褐色或红褐色，革质。茎高 20~60cm，圆柱状，实心。叶 4~6 枚，半圆柱状。花葶圆柱状，实心，光滑；伞形花序球状，具多而密集的花，小花梗近等长。花紫红色或淡红色，稀白色；花被片具深色中脉，矩圆状卵形，先端具短尖头。花果期 7~9 月。多生于山地砾石质坡地上。

图 7-97　长喙葱（2011652051）

7.98 小山蒜

调查编号：2013652059　　　物种名称：小山蒜

收集时间：2013 年　　　　收集地点：新疆和静县

主要特征特性：多年生草本。鳞茎近球形至卵球形；鳞茎外皮灰色或褐色，膜质或近革质。叶 3~5 枚，半圆柱状。茎圆柱状，高 15~65cm。伞形花序球状或半球状，具多而密集的花；花淡红色至淡紫色；花被片披针形至矩圆状披针形，等长；子房近球形，表面具细的疣状，具凹陷的蜜穴；花柱略伸出花被外；柱头稍增大。花果期 5~7 月。该种多生于荒漠及干旱坡地上。

图 7-98　小山蒜（2013652059）

7.99 荠菜

调查编号：2011652002　　　物种名称：荠菜

收集时间：2011 年　　　　收集地点：新疆木垒哈萨克自治县

主要特征特性：一年生或越年生草本，高 12~45cm。茎直立或于基部分枝。基生叶多数，倒披针形或长卵状椭圆形，全缘或羽状裂；茎生叶无柄，条形或披针形，抱茎。总状花序顶生或腋生；花瓣白色。短角果倒三角形或倒心脏形。种子每室 2 行，多数，长椭圆形，黄褐色。花果期 5~7 月。分布范围广，多生长在平原绿洲、草原带农业区的山坡农田及其附近。可食用。

图 7-99　荠菜（2011652002）

7.100 柳兰

调查编号：2012652115　　　　物种名称：柳兰
收集时间：2012 年　　　　　　收集地点：新疆新源县

主要特征特性：多年生草本，高 40~100cm。茎直立，常不分枝。叶互生，披针形，全缘。总状花序顶生，伸长；苞片条形；花大，两性，密被短柔毛；萼筒稍延伸于子房上，裂片 4，紫色，条状披针形，外面被短柔毛；花瓣 4，紫红色，倒卵形，顶端钝圆，基部具短爪；雄蕊 8；花柱基部有毛，与雄蕊等长。蒴果圆柱形，长 6~10cm，密被短柔毛；种子多数。种子顶端具种缨。花期 6~8 月，果期 8~9 月。该种花大，色泽鲜艳，可引种驯化，作观赏花卉。全草或根状茎入药，有小毒，能调经活血，消肿止痛；主治月经不调、骨折、关节扭伤。

图 7-100　柳兰（2012652115）

7.101 伊犁郁金香

调查编号：2012652088　　　　物种名称：伊犁郁金香
收集时间：2012 年　　　　　　收集地点：新疆新源县

主要特征特性：多年生草本。植株通常高 10~30cm。鳞茎卵圆形，鳞茎皮黑褐色，薄革质。叶 3~4 枚，条形或条状披针形，边缘平展或呈微波状。花常单朵顶生，花被黄色，外花被片椭圆状菱形，背面有紫晕，内花被片长倒卵形，黄色；6 枚雄蕊等长，花丝无毛，中部稍扩大，向两端逐渐变窄；子房矩圆形，几无花柱。蒴果椭圆形；种子扁平，近三角形。花期 4~5 月，果期 5 月。生于海拔 400~1100m 的广大山前平原荒漠及低山的荒漠及干草原，常常成大面积生长，为早春植被的优势种。

图 7-101　伊犁郁金香（2012652088）

7.102 新疆鼠尾草

调查编号：2012652051　　　　物种名称：新疆鼠尾草

收集时间：2012 年　　　　　　收集地点：新疆新源县

主要特征特性：多年生草本。茎单一或从基部分枝，高 30~80cm，四棱形，被疏柔毛及微柔毛。叶具长柄，叶片卵圆形或披针状卵圆形，基部心形，边缘具不整齐的圆锯齿。轮伞花序形成总状圆锥花序；苞片宽卵圆形，紫红色；花萼卵状钟形，二唇形；花冠蓝紫色；能育雄蕊 2 个；花柱先端不相等 2 浅裂。小坚果倒卵圆形，黑色。花果期 8~9 月。

图 7-102　新疆鼠尾草（2012652051）

7.103 芳香新塔花

调查编号：2014652066　　　　物种名称：芳香新塔花

收集时间：2014 年　　　　　　收集地点：新疆布尔津县

主要特征特性：半灌木。植株具薄荷香味，高 15~40cm。茎直立或斜向上，四棱，紫红色，从基部分枝，密生向下弯曲的短柔毛。叶对生，腋间具数量不等的小叶；叶片宽椭圆形、披针形或卵状披针形，全缘，具黄色腺点。花序轮伞状，着生在茎及枝条的顶端，集成球状；花冠紫红色；雄蕊 4 个，仅前对发育，后对退化，伸出冠外；花柱先端 2 浅裂。小坚果卵圆形。花期 7 月；果期 8 月。

图 7-103　芳香新塔花（2014652066）

7.104 喜盐鸢尾

调查编号：2012652071　　　　物种名称：喜盐鸢尾

收集时间：2012 年　　　　　　收集地点：新疆新源县

主要特征特性：多年生草本。根状茎粗壮。叶剑形，长 20~40cm。花茎粗壮，高 20~42cm，茎生叶 1~2 枚；苞片 3 枚，草质，边缘膜质；花黄色。蒴果长 5.5~9cm，具 6 条棱，翅状，顶端具长喙，成熟后开裂；种子长 5mm，黄棕色，表面皱缩，具光泽。花期 5~7 月，果期 7~8 月。生于天山、阿尔泰山海拔 1000~1700m 山谷湿润草地及河岸荒地，海拔 600~800m 低山盐碱草甸草原及低洼荒地。

图 7-104　喜盐鸢尾（2012652071）

7.105 新疆花葵

调查编号：2014652052　　　　物种名称：新疆花葵

收集时间：2014 年　　　　　　收集地点：新疆阿勒泰市

主要特征特性：多年生草本，高 1m，被稀疏星状柔毛。叶互生，顶生叶掌状 3~5 裂，边缘具圆锯齿；托叶条形，被星状柔毛。总状花序，花冠淡红色，花瓣 5，倒卵形，先端深 2 裂；雄蕊柱顶部分为无数花丝；心皮多数，环绕中轴合生。果实盘状，种子肾形。生于湿生草地或山地阳坡。花朵大型，鲜艳而美丽，可供观赏。

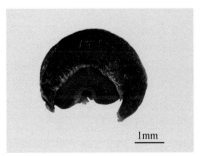

图 7-105　新疆花葵（2014652052）

7.106 沙棘

调查编号：2012652076　　　　物种名称：沙棘

收集时间：2012 年　　　　　　收集地点：新疆新源县

主要特征特性：落叶灌木或小乔木，高 2~6m。嫩枝密被银白色鳞片，一年以上枝鳞片脱落，表皮呈白色，发亮，刺较多而较短。单叶互生，线形，顶端钝形或近圆形，两面银白色，密被鳞片。果实阔椭圆形或倒卵形至近圆形，干时果肉较脆。花期 5 月，果期8~9 月。

图 7-106　沙棘（2012652076）

7.107 腺齿蔷薇

调查编号：2012652074　　　　物种名称：腺齿蔷薇

收集时间：2012 年　　　　　　收集地点：新疆新源县

主要特征特性：灌木，高 1~2m。小枝灰褐色或紫褐色，无毛，皮刺细直。小叶5~11，小叶片椭圆形、卵形或倒卵形，先端钝圆，边缘有重锯齿；叶柄被绒毛。花常单生，或 2~3 朵簇生；花瓣白色，宽倒卵形，先端微凹；花柱头状，被长柔毛，短于雄蕊。果实卵圆形，椭圆形或瓶状，长 1~2cm，橘红色，果期萼片脱落。花期 5~6 月，果期 7~8 月。生于林缘、林中空地及谷地灌丛，海拔 1400~2300m。果可入药，果皮富含维生素 C，其含量在各种蔷薇果中居首位。

图 7-107　腺齿蔷薇（2012652074）

7.108 黄果山楂

调查编号：2012652075　　　　　物种名称：黄果山楂

收集时间：2012 年　　　　　　　收集地点：新疆新源县

主要特征特性：乔木，高 3~7m。小枝粗壮，棕红色，有光泽。叶片阔卵形或三角状卵形，常 2~4 裂，边缘有疏锯齿；托叶大型，镰刀状，边缘有腺齿。复伞房花序，花多密集；花瓣近圆形，白色；雄蕊 20；花柱 4~5，子房上部有疏柔毛。果实球形，直径约 1cm，金黄色，无汁，粉质；小核 4~5，内面两侧有洼痕。花期 5~6 月，果期 8~9 月。

图 7-108　黄果山楂（2012652075）

7.109 红果山楂

调查编号：2012652073　　　　　物种名称：红果山楂

收集时间：2012 年　　　　　　　收集地点：新疆新源县

主要特征特性：小乔木，高 2~4m；刺粗壮、锥形。叶片宽卵形或菱状卵形，基部楔形，边缘有 3~4 浅裂片；托叶镰刀形或卵状披针形，边缘有锯齿。伞房花序，花梗无毛；花瓣长圆形，白色；雄蕊 20，与花瓣等长；花柱常 3，稀 5，子房顶端被柔毛。果实近球形，直径约 1cm，血红色；小核 3，稀 5，两侧有洼点。花期 5~6 月，果期 7~8 月。

图 7-109　红果山楂（2012652073）

7.110 少花栒子

调查编号：2014652031　　　　物种名称：少花栒子
收集时间：2014 年　　　　　　收集地点：新疆富蕴县

主要特征特性：灌木，高达 1m。叶片椭圆形或卵圆形，上面鲜绿色，被疏毛或无毛，下面被绿灰色柔毛，先端圆钝，具短尖头，基部宽楔形或圆形；叶柄具绒毛。短聚伞花序，有花 2~4 朵，花梗被毛；花小；萼筒外被疏柔毛，萼片宽三角形，被疏毛或几无毛，边缘带紫色，具睫毛；花瓣粉红色；花柱 2，稀 3，离生。果球形或椭圆形，红色，直径 5~8mm，具 2 核，腹面扁平。花期 5~6 月，果期 8~9 月。

图 7-110　少花栒子（2014652031）

参考文献

曹卫东，等．2007．绿肥种质资源描述规范和数据标准．北京：中国农业出版社

曹玉芬，刘凤之，胡红菊，等．2006．梨种质资源描述规范和数据标准．北京：中国农业出版社

程须珍，王素华，王丽侠，等．2006a．饭豆种质资源描述规范和数据标准．北京：中国农业出版社

程须珍，王素华，王丽侠，等．2006b．绿豆种质资源描述规范和数据标准．北京：中国农业出版社

李鸿雁，王宗礼．2007．苜蓿种质资源描述规范和数据标准．北京：中国农业出版社

李立会，李秀全．2006．小麦种质资源描述规范和数据标准．北京：中国农业出版社

李锡香，沈镝．2008．萝卜种质资源描述规范和数据标准．北京：中国农业出版社

李锡香，朱德蔚．2007．南瓜种质资源描述规范和数据标准．北京：中国农业出版社

李志勇，王宗礼．2005．牧草种质资源描述规范和数据标准．北京：中国农业出版社

刘旭，曹永生，张宗文，等．2008．农作物种质资源基本描述规范和术语．北京：中国农业出版社

陆平．2006a．高粱种质资源描述规范和数据标准．北京：中国农业出版社

陆平．2006b．谷子种质资源描述规范和数据标准．北京：中国农业出版社

吕德国，李作轩．2006．山楂种质资源描述规范和数据标准．北京：中国农业出版社

邱丽娟，常汝镇．2006．大豆种质资源描述规范和数据标准．北京：中国农业出版社

石云素，等．2006．玉米种质资源描述规范和数据标准．北京：中国农业出版社

宋洪伟，张冰冰．2006．沙棘种质资源描述规范和数据标准．北京：中国农业出版社

王述民，张亚芝，魏淑红，等．2006．普通菜豆种质资源描述规范和数据标准．北京：中国农业出版社

王星玉，王纶．2006．黍稷种质资源描述规范和数据标准．北京：中国农业出版社

王玉富，粟建光．2006．亚麻种质资源描述规范和数据标准．北京：中国农业出版社

伍晓明，陈碧云，陆光远，等．2007．油菜种质资源描述规范和数据标准．北京：中国农业出版社

严兴初，张义．2006．向日葵种质资源描述规范和数据标准．北京：中国农业出版社

张秀荣，冯祥运．2006．芝麻种质资源描述规范和数据标准．北京：中国农业出版社

张宗文，林汝法．2007．荞麦种质资源描述规范和数据标准．北京：中国农业出版社

郑殿升，刘旭，卢新雄，等．2007．农作物种质资源收集技术规程．北京：中国农业出版社

郑殿升，王晓鸣，张京．2006．燕麦种质资源描述规范和数据标准．北京：中国农业出版社

宗绪晓，包世英，关建平，等．2006．蚕豆种质资源描述规范和数据标准．北京：中国农业出版社

宗绪晓，王志刚，关建平，等．2005．豌豆种质资源描述规范和数据标准．北京：中国农业出版社